程序员
生存手册

禅道项目管理软件团队　编著

人民邮电出版社

北　京

图书在版编目（CIP）数据

程序员生存手册 / 禅道项目管理软件团队编著.
北京：人民邮电出版社，2025. -- ISBN 978-7-115
-65996-5

Ⅰ. TP311.1-62

中国国家版本馆 CIP 数据核字第 2025RJ9778 号

内 容 提 要

本书是专为程序员打造的生存与发展指南，涵盖职业规划、编程基础、编码修养、项目管理、团队管理及 AI 应对与应用策略等内容，旨在为程序员提供全面的知识体系和实践指导。

本书共 6 章。第 1 章介绍了程序员的职业发展路径，帮助程序员明确职业发展方向。第 2 章介绍编程语言选择、学习方法、开发工具和 Linux 系统等程序员必备的编程基础知识。第 3 章介绍程序员编码前、中、后的编码修养的培养。第 4 章和第 5 章介绍项目管理、团队管理的方法和技巧。第 6 章探讨了 AI 时代程序员的新机遇与新挑战，以及如何将 AI 工具正确融入实际工作。

本书适合广大开发人员、测试人员等 IT 相关行业从业者阅读。无论是初入职场的新人，还是经验丰富的专业人士，都能从中获得提升自我、应对挑战的实用方法。同时，本书也可作为计算机相关专业师生的参考教材，帮助学生更好地规划职业发展方向。

◆ 编　　著　禅道项目管理软件团队
　　责任编辑　牟桂玲
　　责任印制　王　郁　焦志炜

◆ 人民邮电出版社出版发行　　北京市丰台区成寿寺路 11 号
　　邮编　100164　　电子邮件　315@ptpress.com.cn
　　网址　https://www.ptpress.com.cn
　　北京九天鸿程印刷有限责任公司印刷

◆ 开本：880×1230　1/32
　　印张：6.25　　　　　　　　　2025 年 7 月第 1 版
　　字数：162 千字　　　　　　　2025 年 7 月北京第 1 次印刷

定价：59.80 元

读者服务热线：(010)81055410　印装质量热线：(010)81055316
反盗版热线：(010)81055315

前　言

嘿，朋友们，大家好，不管我们是第一次见面还是重逢，我都先做个自我介绍。我是禅道项目管理软件的程序员阿道，在这本书里，将由我带领大家踏上成长之路，获得一项又一项优秀能力。

在本书正式面世之前，它已经经历了 3 个版本的迭代。在每年年末，它都会随着禅道年终礼一同送到很多朋友的手中。相较于前 3 个版本，大家现在看到的这个版本内容更加严谨和专业。我们力求通过精简的篇幅和文字传达更有价值的内容。

这几年，阿道成长了许多，也遇到了很多的难题与挑战，所以想把自己和团队的感悟与收获整理成文与大家分享。

过去的几年中，发生了很多重大事件，它们共同创造了丰富的集体记忆。在这样的大背景下，本书书名中的"生存"也承载了更深远的意义。此外，"乌卡（VUCA）时代"这个概念，在过去的几年中也得到了更加深刻的体现和验证。

Volatility	Uncertainty	Complexity	Ambiguity
易变性	不确定性	复杂性	模糊性
V	U	C	A

近些年来，互联网人面临的行业前景、发展空间、资源环境正发生剧烈的变化，"凛冬将至"或许是很多人的共同感受。

一方面，互联网行业红利正在逐渐减少；另一方面，在国内外大环境的影响下，行业的整体增长速度也开始放缓。随着企业生存压力的不断增大，互联网行业的空间不断被压缩。大环境的变化必然会促使互联网行业进行策略调整、产品完善、技术升级，这是互联网行业在后"红利"时代下生存和发展的一个重要思路。

身处互联网行业的我们，在整体承压的同时，积极拥抱变化才是"上策"。许多小伙伴选择在技术层面做出积极调整，修炼内功，转变视角，稳中求进地推进职业发展，并通过自我驱动进行技术革新。行业的变化在催促我们自我提升的同时，也为我们开辟了新的发展空间。

此外，ChatGPT 在 2022 年年末的横空出世让生成式 AI 备受关注。除了引发对"科技""文明""变革""人与机器"这些宏观层面的探讨，ChatGPT 的诞生也为每个互联网从业者带来了新的思考。对我们普通程序员而言，ChatGPT 等 AI 是否会取代人工，以及这类工具对于我们究竟意味着什么，都是值得深思的问题。

AI 或许将同互联网、计算机一样，改变我们工作和生活的方方面面，给整个世界带来翻天覆地的变化。一方面，我们会因 AI 的井喷式发展而惊叹科技的发达，仿佛电影中遥不可及的 AI 突然间照进现实；另一方面，我们又惶恐着会不会在某一天被 AI 抢走工作。对每一位互联网从业者而言，这是前所未有的机遇，但也充满未知的挑战。

除了时代的变革、技术的挑战，我们也时刻都在面对自身和行业的熵增，"内卷""35 岁"依然是令互联网从业者疲惫和内耗的关键词。但幸而我们还拥有主观能动性，能够把握本心，在变局中开新局。例如，换个视角看 VUCA：

Variety	多样性
Universality	普遍性
Changing	各种可能
Advancing	保持前进

改变始终在发生，我们能做的，唯有跟上时代前进的步伐。作为程序员，我们能做的不仅包含技术精进、管理转型等，还包含人际沟通、团队协作、编程思维培养等诸多方面，它们共同构成前进的基石。

对一个有实力、有准备的互联网从业者来说，不管是 25 岁还是 35 岁，只要拥有一个合适的舞台，就能发光发热，变得耀眼；不管时代如何改变，技术如何革新，都能通过高效学习和技术迭代，构建出新的个人职业生态。时代的红利是短暂的，但自我深耕是长久的。

最后，阿道想说：

我们每个人既被日新月异的技术挑战，也在不断创造新的技术；我们既被时代的洪流裹挟，也是时代发展的关键因素。

变革和挑战既然躲不过，那就敢想敢为去应对它们吧！去对抗熵增，去打破知识边界，在步履不停中塑造崭新的自我，向着更好的自己前进，我们共同奔赴更美好的未来！

阿道

服务与支持

资源获取

本书提供如下资源：

● 本书思维导图；

● 异步社区 7 天 VIP 会员。

要获得以上资源，您可以扫描右方二维码，根据指引领取。

提交勘误信息

作者和编辑尽最大努力来确保书中内容的准确性，但疏漏在所难免。欢迎您将发现的问题反馈给我们，帮助我们提升图书的质量。

当您发现错误时，请登录异步社区（https://www.epubit.com），按书名搜索，进入本书页面，单击"发表勘误"按钮，输入勘误信息，再单击"提交勘误"按钮即可（见下图）。本书的作者和编辑会对您提交的勘误信息进行审核，确认并接受后，您将获赠异步社区的100积分。积分可用于在异步社区兑换优惠券、样书或奖品。

与我们联系

我们的联系邮箱是 contact@epubit.com.cn。

如果您对本书有任何疑问或建议,请您发邮件给我们,并请在邮件标题中注明本书书名,以便我们更高效地做出反馈。

如果您有兴趣出版图书、录制教学视频,或者参与图书翻译、技术审校等工作,可以发邮件给我们。

如果您所在的学校、培训机构或企业想批量购买本书或异步社区出版的其他图书,也可以发邮件给我们。

如果您在网上发现有针对异步社区出品图书的各种形式的盗版行为,包括对图书全部或部分内容的非授权传播,请您将怀疑有侵权行为的链接通过邮件发给我们。您的这一举动是对创作者权益的保护,也是我们持续为您提供有价值的内容的动力之源。

关于异步社区和异步图书

"异步社区" 是由人民邮电出版社创办的 IT 专业图书社区,于 2015 年 8 月上线运营,致力于优质内容的出版和分享,为读者提供高品质的学习内容,为作译者提供专业的出版服务,实现作者与读者在线交流互动,以及传统出版与数字出版的融合发展。

"异步图书" 是异步社区策划出版的精品 IT 图书的品牌,依托于人民邮电出版社在计算机图书领域 30 余年的发展与积淀。异步图书面向 IT 行业以及各行业使用 IT 的用户。

目　录

第 1 章　程序员职业规划

"何去何从、转行经验、失业、跳槽……"打开搜索引擎，映入眼帘的全都是这样的焦虑。无须讳言，年过 35 岁，程序员的单纯编程能力可能确实不如从前。但是这没关系，因为编程在我们的整个武器库中已经不是最重要的，我们的经验、视野、架构、管理能力，以及分析和解决问题的能力，早已突破了技术领域。

图 1-1 展示了程序员发展路线。

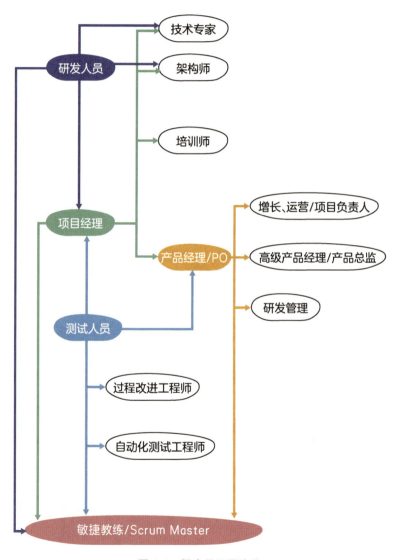

图 1-1　程序员发展路线

项目经理

项目管理专业知识技能
开发模型知识
沟通协调能力
风险管控能力
团队领导能力
时间管理能力

技术专家

全面深入某一技术领域
领域发展趋势分析能力
问题解决能力
主动学习能力

架构师

架构设计专业知识技能
代码编写与分析能力
业务架构能力
抽象思维和建模能力
分布式、多线程等高性能架构
性能优化能力
技术深度与广度的不断扩展
沟通协作能力
领导管理能力

培训师

敏捷专业知识
语言沟通表达能力
控场应变能力
课程设计能力

产品经理/PO

产品运营与市场反馈 ┬ 推广预算
　　　　　　　　　　├ 数据指标分析
　　　　　　　　　　├ 产品定位
　　　　　　　　　　├ 制定目标
　　　　　　　　　　└ 运营推广方案与策划

文档撰写 ┬ 撰写PRD主次分明
　　　　　└ 文字逻辑清晰、表达准确简洁

需求分析与管理 ┬ 产品规划
　　　　　　　　├ 需求分析
　　　　　　　　├ 竞品分析
　　　　　　　　├ 需求分级
　　　　　　　　└ 版本规划

高级产品经理/产品总监

人员和资源部署能力
更全面、深入的需求掌控分析能力
对整个产品行业的发展动态持续关注

过程改进工程师

CMMI知识
评估组织过程能力
识别改进机会
过程改进流程策划能力
组织培训能力

自动化测试工程师

熟悉自动化测试工具
熟悉CI/CD及工具
熟悉DevOps、敏捷方法
脚本编程能力
手动测试能力

敏捷教练/Scrum Master

打造自组织自管理团队的能力
服务型领导力
引导技巧
影响力
沟通协调能力
问题发现与解决能力
持续学习能力
敏捷专业知识与实践能力 ┬ Scrum框架流程与实践经验
　　　　　　　　　　　　├ 极限编程知识与实践经验
　　　　　　　　　　　　├ 精益看板知识与实践经验
　　　　　　　　　　　　├ 规模化敏捷知识与实践经验
　　　　　　　　　　　　└ DevOps知识与实践经验

增长、运营/项目负责人

数据分析能力
市场营销能力
持续学习：对增长方法论的持续关注
拓展职业的宽度

研发管理

产品研发技术栈
沟通协调能力
团队领导能力
项目推进管控能力

图 1-1　程序员发展路线（续）

第 2 章　程序员必备编程基础

程序员的成长就和我们玩游戏"打怪升级"一样，想要开启
更高级别的副本，执行更高级别的任务，就需要不断地历练，
给自己增加技能点，提升等级。对想要成为程序员或者刚入
门的读者来说，需要提升哪些技能呢？

2.1　编程语言关关过

2.1.1　编程语言的选择

选择学习哪种编程语言主要看自己的兴趣和发展方向。大家可以结合阿道整理的知识点，先选择一门编程语言，选定某一个领域全身心去学习，长期专注学习才能够精通。

对初学者来说，并非任一编程语言都适合自己。我们要想清楚自己学编程的目的是什么，例如，如果想从事后端编程工作，可以选择学习 Java、Python；如果想从事服务器、系统和底层驱动的开发工作，就要学习 C、C++ 等语言。

据统计，全球超 9 万名开发者参与了 Stack Overflow 发起的《2023 全球开发者调查报告》，这份报告在一定程度上反映了编程语言的现状。图 2-1 展示了常用编程语言的受欢迎程度。

这份报告也反映了一个现象：做上层应用的开发者多于做底层系统的开发者。例如，移动操作系统中最具代表性的有 iOS、Android 和鸿蒙，而基于这三个系统开发移动 App 的开发者却有成百上千万。此外，JavaScript、HTML/CSS 等语言的高占比也说明了做前端应用开发的开发者人数之多。

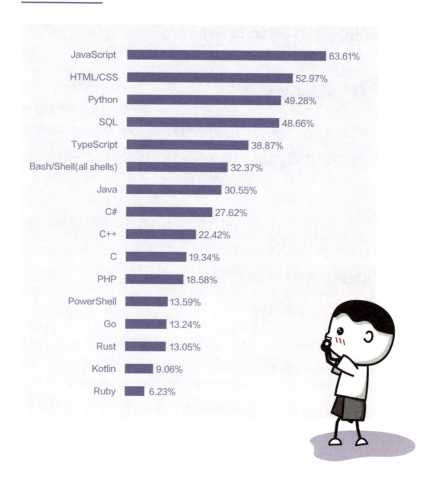

图 2-1　常用编程语言的受欢迎程度

表 2-1 归纳了部分较流行的编程语言的特性与职业发展。

表 2-1　部分较流行的编程语言的特性与职业发展

语言	JavaScript	Python	Java
简介	创始于 1995 年，是一种动态类型、弱类型、基于原型的直译式脚本语言，也可用于给 HTML 网页增加动态功能，使用频率很高。学习 JavaScript 很快就可以做一些 Web 程序了，可以说 JavaScript 是前端开发必备技能，前端开发的很多框架都以此为基础，所以 JavaScript 未来的前景也是非常不错的	创始于 1989 年，是较为简单的一种编程语言，结构简单、易于使用，现已成为全球大中小学编程入门课程的首选教学语言。Python 常被称为"胶水语言"，因为它能够把用其他语言（如C/C++）制作的各种模块轻松地联结在一起 *Python 这个名字源于电视剧 *Monty Python's Flying Circus*	创始于 1995 年，拥有跨平台、面向对象、泛型编程的特性，非常受企业的喜欢。不仅吸收了 C++ 的各种优点，还摒弃了 C++ 中难以理解的多继承、指针等概念 *Java 最初的名字叫 Oak（橡树），因为其创始人窗外有一棵巨大的橡树
学习难度（阿道自我经验）	★★	★	★★★
职业路线	Web 前端、后端，移动应用开发，内嵌脚本语言等	Web 开发、科学计算、机器学习、爬虫、数据分析、云计算、运维、游戏、人工智能、自然语言处理、物联网等	Android、Web 应用、服务器、大数据、企业应用、PC、游戏控制台、科学超级计算机、移动应用开发等
年薪水平（根据《2023年全球开发者调查报告》）	约 534 000 元	约 565 000 元	约 525 000 元
优点	解释型语言，反应迅速，可立即运行；依赖于浏览器，与操作系统环境无关；是动态类型语言，学习难度小	易于学习，被誉为"最易学习的语言"；拥有免费的库和函数，编程相对容易	易于学习，开发效率高，市场需求旺盛；垃圾回收机制安全可靠，不容易出现问题；依赖于 JVM，跨平台性良好，库丰富，并在不断发展，社区资料完善；不断迎来新功能，如移动互联网时代的 Android、大数据时代的 Hadoop、人工智能时代的 TensorFlow

程序员生存手册

续表

语言	JavaScript	Python	Java
缺点	代码在用户计算机上执行，可能被恶意活动利用，存在安全性问题；过于依赖浏览器，在不同浏览器上解释方式不同，可预测性差	速度：开发速度快，但是作为解释型语言，比编译型语言的速度慢很多。移动端：Python 在移动计算方面较弱，很少有智能机的应用是使用 Python 开发的。设计：Python 是动态类型的语言，需要更多的测试，因为它的错误是在运行的时候展示的	灵活性差，开发者不能随心所欲地控制内存，并且启动时间较长；依赖于 JVM，运行效率受其影响；除了语言本身，还需要学习很多框架

语言	C	PHP	Shell/Bash
简介	创始于 1969—1972 年，设计目标是提供一种能以简易的方式编译、处理低级存储器、产生少量的机器码以及不需要任何运行环境支持便能运行的编程语言。尽管 C 语言提供了许多低级处理的功能，但仍然保持着良好的跨平台特性，以标准规格编写的 C 语言程序可在许多计算机平台上进行编译，甚至包含一些嵌入式处理器（单片机，或称 MCUZ）以及超级计算机等作业平台	创始于 1994 年，是一种通用的开源脚本语言。其语法吸收了 C、Java 和 Perl 等语言的特点，易于学习，使用广泛，主要适用于 Web 开发领域	Shell 是一个提供与用户进行对话的环境的程序，也是解释用户输入的命令的解释器。Shell 有很多种，如 Bourne Shell（SH）、Bourne Again Shell（Bash）、C Shell（CSH）等，目前最常用的是 Bash。Bash 由布赖恩·福克斯（Brian Fox）于 20 世纪 80 年代末创建，通过提供灵活的命令行环境和脚本编程能力，为用户和开发人员提供了强大的工具
学习难度（阿道自我经验）	★★★★	★★	★★
职业路线	操作系统、软件开发、硬件等	Web 开发、移动应用后端、创建数据库访问页等	编写部署脚本、自动化任务、系统管理维护等
年薪水平（根据《2023年全球开发者调查报告》）	约 537 000 元	约 425 000 元	约 619 000 元

续表

语言	C	PHP	Shell/Bash
优点	许多计算机专业课程将 C 语言作为基础之一，因为它提供了对计算机底层操作的理解，有助于快速掌握其他编程语言； C 语言是一种高度可移植的语言，在编程时不做改动或者是做很小的改动，就可以在不同的平台上运行； C 语言可以被嵌入任何现代处理器中，几乎所有的操作系统都支持 C 语言，其跨平台性非常好	易上手且功能丰富，开发效率高； 开源，社区庞大、活跃，解决方案充足； 跨平台性良好； 与各类数据库、文件系统协作顺畅	简单易用: Shell/Bash 的语法相对简单，易于学习和使用。 强大的脚本编程能力: Shell/Bash 提供了丰富的脚本编程功能，可以用于自动化任务和系统管理。 广泛的支持: 作为 UNIX 和 Linux 系统的默认 Shell, Shell/Bash 得到了广泛的应用和支持，拥有大量的学习资源和活跃的社区，可为学习者提供帮助
缺点	C 语言缺乏内置的高级数据结构与异常处理机制，需要开发者手动实现这些功能	虽然 PHP 学习容易，但需要遵循良好的编程规范和最佳实践，避免命名混乱和性能问题	性能较低: 相对于编译型语言或其他脚本语言，Shell/Bash 的执行速度较慢，特别是在处理大规模任务时。 语法限制: Shell/Bash 的语法相对简单，对于一些复杂的编程任务可能不够灵活或不够强大。 可移植性差: 不同的操作系统和发行版可能有不同版本的 Shell/Bash，因此在编写脚本时需要考虑可移植性问题

2.1.2　系统学习编程语言

选择好了合适的编程语言，如何学习呢？阿道
建议从一些基本知识点入手。

1. 基本语法

在编程中，语法是一组用符号和表达式的组合来诠释代码结构的规则。学习编

程语言的关键在于掌握其基本元素，组合使用这些元素可以实现各种复杂的程序功能。对想要学习编程语言的人来说，熟悉和理解这些基本元素至关重要。不同的编程语言具有不同类型的语法，但这些语法通常都包含以下基本元素。

- **变量和常量**：变量是程序中用于存储数据的空间，可以存储各种类型的数据值；常量可以是数字、字符或字符串等不同类型，在程序运行期间保持不变。

- **数据类型**：数据类型即程序中数据的类型，包括整数、浮点数、字符、布尔值、数组、结构体等。这些数据类型在内存中占用的空间大小不同，并且对于某些操作也有不同的限制和规定。

- **运算符**：运算符用于执行程序中各种数学和逻辑运算，例如加法、减法、乘法等运算。

- **函数**：函数是一段独立的代码块，它可以接收输入参数并产生一个输出结果，也可以没有输出结果。函数的作用是将特定的功能封装起来，实现代码的模块化，提高代码的可读性。

- **对象和类**：这是面向对象编程中用于创建和管理自定义数据类型的机制。通过定义类，我们可以创建具有特定属性和方法的对象，实现数据和行为的封装，使代码更加模块化和可重用，并易于扩展和维护。

- **输入和输出**：程序的内容可以按照基本功能划分为输入、处理和输出 3 个部分。每种编程语言都提供了特定的语句或函数来实现输入和输出的功能。

- **注释**：用于解释和说明代码，通常以特定的符号或关键字开始，目的是帮助用户理解代码功能、逻辑和设计意图。

这些元素组成了编程语言的语法规则，开发者则需要按照语法规则编写代码，以实现所需的功能。

阿道小广告：
《论代码规范的重要性》
这些注释要注意！

2. 基本数据类型与数据结构

不同编程语言的基本数据类型各不相同，这些数据类型的设计通常旨在更高效地管理和使用内存空间。

在编程领域中，数据结构的应用是必备的技能之一，它对于执行各种操作具有关键性的作用。只有掌握了数据结构的知识，同时充分考虑时间和空间的复杂性，我们才能编写出高效的代码。只有了解了不同类型的数据结构，我们才能在具体的编程实践中，根据具体的问题做出恰当的数据结构选择。

常用的数据结构如下：

数组	栈	图
记录	队列	堆
链表	树	散列

尽管不同编程语言的语法类型各不相同，但数据结构的基本原理和概念是相同的。数据结构是组织和存储数据的基本手段，它在不同的编程语言中的目的和功能是相同的。无论使用哪种编程语言，我们都需要深入理解和恰当应用数据结构的核心概念，如数组、链表、栈、队列、树等。

3. 变量

不同编程语言声明变量的方式有很大不同。例如，Java 语言需要明确指定变量的数据类型，这类语言称为强类型定义语言；JavaScript、Shell 等语言不需要明确指定变量的数据类型，这类语言称为弱类型定义语言。

还需要注意的是，不同语言变量的作用域和生命周期也会存在差异，这需要在编写代码时细细体会。

4. 流程控制

在编程实践中，流程控制技术扮演着重要的角色。它能够决定程序的执行顺序，并根据程序的需求来决定调用哪些函数或方法，以及在不同的情况下执行哪些操作。

通过流程控制，我们可以根据条件进行分支、循环执行特定的代码块，或者将代码分解为更小的可管理单元。这种方式使得程序的行为可以根据特定的规则和逻辑进行控制，从而实现所需的功能或完成特定的任务。

流程控制结构主要有以下 4 种。

1 顺序结构
程序按照代码的书写顺序从上到下依次执行，没有跳过或重复的部分。这是最基本的流程控制结构。

2 选择结构
根据条件的真假来选择性地执行不同的代码块。常见的选择结构有if语句、switch语句等。

3 循环结构
重复执行一段代码，直到满足特定的条件为止。常见的循环结构有for语句、while语句、do...while语句等。

4 跳转结构
在程序中跳过或重复执行特定的代码块。常见的跳转结构有break语句、continue语句和goto语句等。

5. 运算符

了解并熟练掌握基本运算符是非常重要的，其中包括算术运算符、关系运算符、逻辑运算符以及赋值运算符等。此外，一些编程语言还提供了位运算符和特殊运算符。

在编程中，熟练使用这些运算符可以帮助我们进行数值计算、比较操作、逻辑判断以及变量赋值等。因此，对于不同的编程语言，我们应该了解其所支持的运算符类型，并根据实际需求决定是否需要学习和应用特殊运算符。

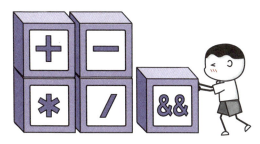

6. 函数调用

在编程语言中，函数是一种基本的元素。我们需要注意的是函数的语法格式，包括函数是否支持返回值，以及哪些数据可以作为函数的输入参数。一些编程语言允许将函数作为参数传递给其他函数，这被称为回调函数。函数还可以返回一个值，用于向调用者提供结果。

函数调用是几乎任何编程语言的必备概念。作为一段仅用于特定目的的代码，函数提高了代码的可复用性和可维护性。每当必须执行特定任务时，我们就可以调用函数。

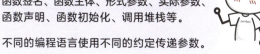

与函数调用相关的术语如下：

函数签名、函数主体、形式参数、实际参数、函数声明、函数初始化、调用堆栈等。

不同的编程语言使用不同的约定传递参数。

7. 编程范式

比较流行的编程范式有以下 3 种。

❶ 面向对象编程
主要是封装、继承、多态

❷ 函数式编程
主要是应用 Lambda表达式

❸ 面向过程编程
可以理解为实现需求功能的特定步骤

面向对象编程强调"一切皆对象",也就是说,用面向对象编程解决问题的方案在于让"对象"怎么做:如自动捡垃圾的动作,可以创建一个"人"对象,让他捡起垃圾。这一编程模式将数据和操作封装在对象中,通过对象与对象之间的交互行为,进行程序的设计和实现。

面向对象编程的优点如下。

- 降低程序复杂度:可以将问题抽象成简单的类,降低程序的复杂度。

- 易扩展:凭借封装(将对象的属性私有化)、继承(复用已存在的类来建立新类)、多态(在程序运行中的不同状态)的特性,开发者更容易设计出高内聚、低耦合的结构,让程序更灵活、更易于扩展。

- 高可读性和高可维护性:模块化结构能够提高代码的可读性和可维护性,这种模块化的特性也使得代码可以被重复使用,减少开发成本。

面向对象编程的缺点如下。

面向对象编程适用于相对低耦合的问题,当需要处理关系更为复杂的问题(如批处理、与环境互动等)时,就会受到限制。

函数式编程是一种将计算视为数学函数求值的编程范式。它强调函数的纯粹性、不可变性和无副作用。

函数式编程的优点如下。

- 高可读性和高可维护性:函数式编程的代码通常比较简洁,更易于理解和调试,可读性和可维护性较高。

- 适合并行和并发处理：函数式编程天生适合并行和并发处理，因为它避免了函数之间的共享状态，从而可以方便地进行并行计算。

- 易于调试和测试：函数式编程的函数是无副作用的，函数之间的依赖关系清晰，因此更容易进行单元测试和调试。

函数式编程的缺点如下。

- 学习成本高：对习惯于命令式编程的开发者来说，可能有一定的学习成本。函数式编程的思维方式和一些概念（如纯函数、不可变性）需要适应和理解。

- 有一定的性能问题：函数式编程在处理大规模数据时可能会产生较多的中间数据结构，造成一定的性能问题。

面向过程编程强调将问题的解决拆分成一系列步骤。例如，自动捡垃圾的动作可以分解为发现垃圾—弯腰—捡起—丢进垃圾桶。

面向过程编程是一种以过程为中心的编程范式。它将程序分解为一系列的过程或函数，每个过程完成特定的任务。

面向过程编程的优点如下。

- 易于学习和理解：问题分解过程更贴近现实，初学者可以轻松理解和学习。

- 清晰直观：面向过程编程采用自上向下的设计方式，这样程序的执行流程清晰可见，易于理解和调试。

- 便于性能优化：面向过程编程更加底层，可以更直接地对程序进行性能优化，例如使用指针和内存管理等技术。

面向过程编程的缺点如下。

- 可维护性下降：面向过程编程的代码通常较为简单，但随着程序规模的增大，代码的可读性和可维护性可能会下降。

- 代码重复：缺乏模块化和代码重用的机制，导致同样的代码可能会在不同的地方重复出现，增加了代码的冗余和维护成本。

- 灵活性、可扩展性差：面向过程编程较少使用抽象和高级概念，可能会让代码的灵活性和可扩展性变差。

每种编程模式都有其合理性，面向对象编程并非唯一正确的选择。举例来说，尽管 Java 是一种面向对象的语言，但 Java 8 开始引入 Lambda 表达式后也支持函数式编程的特性，而 C++ 则可以被视为半面向对象、半面向过程的语言。这表明不同编程语言在设计上可以融合多种编程范式，以满足不同的需求和编程风格。因此，在选择编程模式时，我们应该根据具体情况和需求来决定使用何种编程范式。

8. 库和框架

学习一门编程语言时，其相关的技术生态圈知识非常广泛，我们需要根据实际应用领域选择学习合适的库和框架。例如，在进行 Java Web 开发时，我们可能需要学习 Spring、Mybatis、Hibernate、Shiro 等大量的开发框架；而在进行 JavaScript 和前端开发时，可能会用到 React、Vue、Angular、jQuery 等库或框架。

9. 练习

要掌握一门编程语言，练习是非常重要的。练习越多，我们学到的和记住的就越多。世上事有难易乎？无他，唯手熟尔。

2.1.3　了解不同编程语言的特性

学习一门编程语言，我们还要了解它各种各样的特性，大到并发模型的设计，小到具体语法的特性，然后不断进行实践应用。

阿道整理了不同类型的编程语言的主要特性，可以让大家快速地建立对一门语言的基本认识，我们一起来看看吧!

1.　编译型语言与解释型语言

明确一门编程语言是编译型还是解释型，是非常基础且有必要的，这对于理解一些程序的深层行为逻辑会很有帮助。对语言设计者来说，编译型和解释型从根本上是语言开发自由度和性能优化能力之间的博弈。

表 2-2 展示了编译型语言和解释型语言的差异。

表 2-2　编译型语言和解释型语言的差异

语言类型	编译型语言	解释型语言
执行方式	运行之前需要通过编译器将源代码转换为目标代码，然后进行链接，生成可执行文件。这个可执行文件可以直接在计算机上运行，无须再次翻译或解释	通过解释器将源代码逐行解释为机器指令，并立即执行
执行效率	高，编译型语言的代码在运行之前已经被编译成机器语言，通常具有较高的执行效率，适用于对执行效率要求较高的任务	较低，每次执行都需要进行解释
跨平台性	较差，编译型语言的可执行文件通常是与特定平台相关的，因此在不同的操作系统或硬件上可能需要重新编译	具有更好的跨平台性，解释型语言的代码通常是与解释器相关的，可以在不同的操作系统上直接运行，不需要重新解释
开发周期	长	短
学习成本	较高	较低

实际开发时选择哪种语言类型，要看具体的应用需求和开发环境。

2. 类型系统

需要了解编程语言支持哪些数据类型，其中哪些是简单或基础类型，哪些是复杂或复合类型，各个类型之间又有哪些区别等。

抽象来看，类型系统又可以从两个维度来定义。

强类型或弱类型

核心区别在于语言是否偏向于容忍隐式类型转换。一个常见的错误理解：C/C++是强类型语言。实际上，在C/C++中隐式类型转换很常见，所以它们是弱类型语言。与之相对，Python则是强类型语言。

静态类型或动态类型

核心区别在于是否在编译时就能明确每一个变量的类型。对静态类型来说，如果编译时存在类型错误，是无法编译通过的；而对动态类型来说，因为程序运行时才能明确类型，所以类型错误通常不会导致编译出错，错误会在运行时暴露出来。

3. 模块系统

如今的高级语言基本都有成熟的模块系统，好的模块系统对构建大型工程项目来说必不可少，它可以大大提高程序的可复用能力和模块化能力。

了解一门编程语言的模块系统大概需要了解以下细节。

1 依赖的路径是如何解析的？

2 如何引用自定义模块？

3 如何引用第三方模块或包？

4．作用域

一个很影响实际开发且与模块系统相关的问题：变量的作用域是怎样的。常见的问题如下。

1 什么情况下是全局作用域？

2 什么时候是函数作用域？

3 块作用域是怎样的？

不过，不同的语言对于作用域的定义和分类可能不同，需要具体情况具体分析。另外，明确语言是静态作用域还是动态作用域也非常重要。

- 与静态类型和动态类型的区别类似，静态作用域是在书写代码或定义时确定的，而动态作用域是在运行时确定的。

- 静态作用域关注函数在何处声明，而动态作用域关注函数从何处调用，其作用域链是基于运行时的调用栈的。

5．支持的编程范式与特色

编程语言支持什么样的编程范式对工程项目来说非常重要。例如，面向对象中的封装、继承和多态，对应到编程语言上该如何具体实现；面向过程的语言如何实现并发；等等。了解了这些特色，我们才能更清楚编程语言在工程中更擅长做的事情和更适合的项目。

虽然精通一门编程语言不是一件容易的事情，学习之路任重而道远，但未来是光明的。如果我们想站到精英程序员的队列里，不仅要深入了解某一门编程语言，还要掌握几门其他的编程语言，这样才能完成高水平的开发工作。加油！

2.2　开发工具全知道

2.2.1　C 语言——C 生万物，编程之本

C 语言的诞生要追溯到 1969 年至 1973 年间，贝尔实验室的丹尼斯·里奇（Dennis Ritchie）在 B 语言的基础上设计出了 C 语言，C 语言既保持了 BCPL 和 B 语言精简、接近硬件的优点，又克服了这两种语言过于简单且数据无类型的弊端。最初的 C 语言只是为了描述和实现 UNIX 操作系统而设计的一种工具语言。

1973 年，里奇与肯·汤普森（Ken Thompson）二人合作使用 C 语言对 UNIX 操作系统进行了重写。这一举动让 C 语言在业界一战成名。

C 语言既兼备了 Pascal、Basic 等语言的优点，也提供了类似汇编语言的可以控制计算机硬件及外部设备的能力。许多需要使用汇编语言才能完成的指令，都可以通过 C 语言轻松做到。因此它的高级语句和函数功能十分强大，应用广泛，其中 UNIX 操作系统和相关的公共程序就包含了 30 余万行的 C 语言源代码。

数十年来，C 语言一直是编程界的重要支柱，在编程语言中占据着举足轻重的地位。C 语言几乎可以编写任何程序，在 Linux 操作系统、Windows 操作系统、macOS 的内核中都能看到它的身影。它甚至可能是有史以来最具影响力的语言，它的语法启发了 C++、C#、Java、JavaScript、Go、Perl 等众多其他语言。

C 语言是计算机软件进行编程设计的重要语言之一，

是计算机高级语言中最基础的编程语言。C 语言简单、不受编译环境限制、语法限制较少，可以在不同的操作系统中运行，因此可移植性好。作为具有抽象化特点的通用程序设计语言，C 语言强调过程，在底层开发中应用较广。C 语言注重以简便方式编译、处理程序，仅凭借简单的机器语言就可实现计算机程序的高效运行，无须环境支持。即使 C 语言具有部分低级处理性能，但始终具备跨平台特性。

C 语言可以精确地表达文字与数据信息，其在计算机中的应用使得二进制表达

具有具体化的特点，使数据更加精准，并且其广泛的应用范围能够显著提升工作效率。

C 语言可以灵活地设置变量。利用 C 语言的指针功能进行变量说明时，在变量前方添加 "*"，不仅能对变量进行指针变量定义，还可增设该指针

变量存储地址信息。具体运算期间，计算机能够自主识别该符号，将其从众多数据中快速提取出来。"*" 不仅能够表示变量地址，还可以表示函数、数组元素地址，提高了计算机程序运行的灵活性。

C 语言脱胎于 B 语言，是一门面向过程的编程语言，它编写简易、运行方便，兼顾了低级语言、高级语言和汇编语言的优点，无须运行环境即可运行。

同时，C 语言也是结构化语言，因此它拥有自己独特的编写概念，可以按照清晰且富有层次的模块结构编写程序，这样的特点让 C 语言十分便于调试。另外，C 语言的编译速度很快、处理性能强大，支持全面的运算符与数据类型，可以帮助构建各种各样的数据结构。

C 语言的特点可以简单归纳为以下几点：

- 简洁、紧凑、方便、灵活；

- 运算符丰富、表达式多样化；

- 数据结构丰富；

- 具有结构化的控制语句；

- 程序设置自由度大，语法限制不严格；

- 允许直接访问物理地址，能进行位（bit）操作；

- 可实现汇编语言的大部分功能，可直接对硬件进行操作；

- 生成目标代码质量高；

- 程序的执行效率高；

- 程序的可移植性好。

由于这些优秀的特性，C 语言受到了广大编程爱好者的欢迎。如今，C 语言经过不断地发展与完善，不仅能进行数据处理，还具有突破软件系统限制的能力。C 语言强调灵活性，能够给予程序员最大限度的自由，适配更广泛的需求，但相比于其他语言，C 语言对程序员的要求更高。

2.2.2　Java 语言——静态面向对象的编程语言

前文讲解了 C 语言，下面介绍 Java 语言。

在计算机编程领域，Java 语言同样是编程语言的"佼佼者"。随着互联网行业高速发展，Java 语言的应用范围越来越广，时至今日，Java 语言已成为编程界的元老之一。

Java 语言的前身是詹姆斯·戈斯林（James Gosling）等人于 1990 年前后开发的 Oak（橡树），后于 1995 年 5 月以 Java 的名称正式发布。

Java 语言具有"Write Once, Run Anywhere"（一次编写，随处运行）的特性，可以在任何支持 Java 语言的平台上运行，不需要进行修改。这种可移植性和强大功能的结合，搭配 Java 语言庞大的库和框架生态系统，让它有了其他语言无法比拟的优势。Java 语言属于面向对象的编程语言，具有降低软件编程难度、提高安全性和可靠性的优点，能够促进计算机软件综合效益不断提高。

从目前的行业使用体量来看，Java 语言无疑是目前市场需求量最大的语言。在国内外各大编程排行榜上，Java 语言总是高居榜首。Java 语言广泛地应用于数据结构、编程和算法分析等领域，可以用来开发 Android 和 iOS 应用、视频游戏等。在行业招聘市场上，Java 工程师的需求量也远远大于其他语言工程师的需求量。Java 语言都有哪些特点和优势呢？

1

适用性较强

在各种编程语言中，Java语言具有较强的适用性，可以很好地应用于不同的平台和系统，也可以应用于不同的植入设备。

2

灵活易操作

Java语言以其特有的灵活性优势，在程序设计时，可以有效适应软件的更新迭代，进一步提高计算机软件开发的效率和质量。

Java语言具有多线程的优点，能够充分满足不同的编程维度和功能方向。同时Java语言的多重继承是依靠接口实现的，因此它拥有一定的可扩展性。并且Java继承了C++语言的优良特性，省去了一些烦琐或很少使用的操作，使初学者能够快速理解并上手。

③

面向对象编程

Java语言可以很好地满足各类软件的开发需求，面向对象设计。面向对象编程的优势在于，它可以对软件开发中需要实现的不同需求和功能做任务上的具体划分。保证不同模块的独立性。

面向对象充分体现编程语言的包容性，允许多样化的代码，保证开发方案的简单化和适用性。同时，面向对象还可以减少程序员的工作量，让代码变得简洁，有利于提高后期运维的工作效率。

④

较高的安全性

Java语言因其自身较高的安全性而受到许多业内人士的推崇。使用Java语言编写的程序需要进行封装，这样数据更加完整，在一定程度上提高了程序的安全性。

并且，Java语言有一种优秀的技术，即公共密钥技术，依靠该项技术，工作人员能够执行相关的安全控制操作，阻拦外界程序侵入，有效地维护了程序的安全。

此外，Java语言还能够满足不同网络环境的适应性需求，有助于更好地为用户提供运维服务，更好地保证程序安全、可靠地运行。

⑤

较好的可移植性

Java语言软件本身具有一定的交互作用，具备较好的可移植性，可以更便利地使用网络资源，这就为远程数据传输提供了良好的保障。

综上所述，Java 语言具有众多优势。现阶段程序移植往往会受到硬件与系统的影响，但 Java 语言所具备的良好跨平台性和可移植性可以适应不同的软件操作系统与底层硬件。

我们作为业内的开发人员应该重视自身能力的提升，发掘、探索 Java 语言的重要作用，逐步强化软件编程能力。

2.2.3　Python 语言——运维工程师的首选

Python 语言是由荷兰国家数学和计算机科学研究中心的吉多·范罗苏姆（Guido Van Rossum）于 20 世纪 90 年代初设计的。Python 属于通用型、解释型语言，语法清晰，不仅拥有庞大的标准库，还有内容丰富的第三方库和框架，可以从库中直接调用其他语言的功能，这对于初学者比较友好：上手快，学起来不会感到吃力。Python 语言拥有广泛的应用场景，无论是基础的程序处理、数据爬虫，还是 Web 开发、游戏设计，Python 语言都展现出非常高的开发效率。近年来，随着人工智能、大数据、算法的普及，Python 语言的热度逐步上升，发展前景非常广阔。让我们一起看看后起之秀 Python 语言拥有哪些优点。

1

面向过程和面向对象

Python语言包括面向过程与面向对象。面向过程和面向对象不是对立的，只是在程序中体现的侧重点不同。当Python语言面向对象编程时，就是以对象为中心，需要实现什么功能就找对应的类获取对象去解决相关问题。这使得利用Python语言处理复杂问题变得非常方便。而应用Python语言面向过程编程，是以过程为中心思考出每一个步骤，用函数逐一实现。

2 开源性

Python是FLOSS（Free/Libre and Open Source Software，自由和开源软件）之一。FLOSS可免费使用，也可修改后再分发。也就是说，Python语言是开源的。使用者可以从GitHub或其他社区下载软件的源代码，并进行任意删减、增加的改动，也可以将其中一部分用于软件开发中。

3 解释性

计算机不能够直接理解高级语言，必须通过编译型语言。而Python语言有一个非常优越的特点，即编写的程序可以直接由内在的解释器从源文件转换为字节码的中间形式，再转换为计算机能够理解的机器语言，不再需要将其编译为二进制的代码。

4 可移植性

Python语言开源的特性使它能够在众多平台上运行，可以进行适应性改变，适用于多个操作系统，具有非常好的可移植性。这些平台常见的包括Windows、Linux、Android等。

5 丰富的代码库

Python语言经过多年的发展和迭代优化，拥有了自己丰富的代码库，其中的程序文件可以重复使用并且拥有较快的执行速度，可以帮助程序员完成各类应用操作，包括数据库操作、文档操作、CGI编程、网络编程、GUI编程、XML编程等，大大提高了程序员的开发效率。

总的来说，凭借强大的特点和优势，Python 语言广泛应用于各个领域，成为许多程序员的首选语言。可以毫不夸张地说，Python 语言是公认的全栈语言，它提高了程序设计的便捷性和易用性。

2.2.4　PHP 语言——中小型 Web 的合适选择

介绍完编程领域的 3 种主要语言，接下来介绍编程语言家族中的另一大巨头——PHP 语言。PHP（Page Hypertext Preprocessor，页面超文本预处理器）语言是一种 HTML 内嵌式的语言，于 1994 年由拉斯穆斯·勒多夫（Rasmus Lerdorf）开发。PHP 语言是一种被广泛使用的、免费开源的、跨平台的、用来创建动态交互式站点的服务器脚本语言，尤其适用于 Web 开发。

PHP 语言拥有易学易用、开发快速、性能稳定、功能全面、开源免费、可扩展性良好、可跨平台、支持大多数数据库等特点，因此成为广受欢迎的 Web 开发语言之一。PHP 语言不仅能让 Web 开发人员快速开发出动态网页，还可以用来开发桌面、WML（Wireless Markup Language，无线标记语言）和 Android 等应用程序。在使用 PHP 语言之前，我们首先要明确它有哪些优势和特点。

1 开源性

PHP语言是一种开源的语言，开放的源代码能够吸引更多的人参与到代码的编写中，也能够实现更多的功能。

2 快捷性

PHP语法是基于C、Java等语言的特点进行编制的，所以初学者能够很快掌握。PHP语言可以嵌入HTML当中，所以PHP代码的编辑更为简单，并且有很强的实用性。

3 跨平台性

PHP语言本身运行于服务器端，能够很好地运行于UNIX、Linux、Windows、macOS、Android等平台中。极强的跨平台性也大大拓展了 PHP 语言的应用范围。

4 图像处理能力

PHP语言被广泛应用于Web开发领域，在动态图像的处理方面有着巨大的优势，能够使动态图像有更好的页面展示，并且占用系统资源较少。

5 非常适用于网站开发

- PHP语言由于其自身显著的优势,在网站开发方面具有非常高的使用频率。PHP语言架构有利于网站的运行和维护,提升了对网站相关内容的安全保障,同时还兼具很强的系统适用性。

- PHP语言架构简单,日常运维非常便捷,并且由于PHP采用面向对象的编码技术,使得系统在运行效率和代码可读性等方面得到同步提升。

- PHP语言在网站建设方面采用最为先进的模板引擎,如Smarty模板引擎,这种设计使代码和模板之间存在的干扰能够被大大降低,进而提升网站运行和使用效率。

- 在PHP语言的设计使用中,通过KindEditor富文本编辑器,编辑过程简单,能减少资源占用的空间,提升网站的运行效率。

综上所述,和其他编程语言相比,PHP 语言在效率、开放性、跨平台性等方面都独具优势,在网站开发与设计中发挥着重要的作用。

2.2.5　其他语言——江山代有才人出

1. C++ 语言

很多小伙伴会觉得 C 语言和 C++ 语言是相似的,实际上 C++ 语言是比亚内·斯特劳斯特鲁普（Bjarne Stroustrup）博士在 C 语言基础上扩展开发的程序设计语言。

虽然 C++ 语言在语法上与 C 语言有相似之处,但 C++ 语言提供了许多 C 语言并不具备的功能,如命名空间、模板、异常和自动内存管理等。一些需要顶级性能的项目通常会使用 C++ 语言进行编写,以利用其功能最大限度地发挥系统的性能。

C++ 语言是通过改进 C 语言产生的一种新的编程语言。C++ 语言属于静态数据类型且支持多重编程范式的通用编程语言。C++ 语言在包含 C 语言全部功能的同时，还实现了对 C 语言的超越：拓展了许多全新的功能。C++ 语言是具有较强功能的混合型程序设计语言，它不仅可以进行面向过程的结构化计算机应用程序的设计，还可以进行适用于面向对象的计算机应用程序设计。因此，C++ 语言成为当前大多数计算机应用软件开发人员进行软件编程的首选编程语言。

但 C++ 语言的优点也可能是缺点。软件功能使用的 C++ 语言越多，就越复杂，结果处理起来就越困难。如果开发人员只关注小部分的 C++ 语言，则可以绕开它的诸多陷阱。一些公司想要完全避免 C++ 语言所带来的复杂性，如 Linux 内核开发团队避免使用 C++ 语言，将 Rust 视为未来增添内核功能的语言，但实际上 Linux 系统的大部分仍用 C 语言编写。

2. C# 语言

C# 语言由微软公司的安德斯·海尔斯伯格（Anders Hejlsberg）及其团队开发，是一种安全、稳定、简单的语言，它是在 C/C++ 等语言的基础上衍生发展而来的面向对象的新编程语言。C# 语言在继承 C/C++ 等语言强大的编程功能的同时，还有效解决了存在的复杂特性问题，可以说它集中了 Visual Basic 语言简单可视化操作以及 C++ 语言高运行效率的特点，具有易于操作、风格优雅、特性突出及面向组件编程等优势，已成为 ECMA 与 ISO 的标准规范。

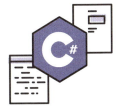

C# 语言使用自由。C# 语言能够与所有支持 .NET 的编程语言实现信息互换，可随意集成与使用其他编程语言，无须改变语言种类即可实现在 .NET 下相互交流。

C# 语言的 Web 服务器端组件功能强大。采用 C# 语言进行 Web 编程时，既有传统组件，又有可编程组件，能够实现自动连接服务功能，通过 C# 语言能够进行服务器端的组件编写，开展数据绑定等服务更加便捷、简单。

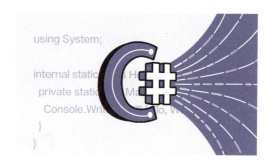

C# 语言是面向对象的语言，任务约束条件几乎都能够转换为数量关系，任务逻辑框图的绘制是实操编程的前提，能够完成复杂任务的编程实现，并且通过逻辑框图可以促使编程有序简洁地实现，明确各程序间的逻辑。

C# 语言作为一种高级程序设计语言，应用非常广泛，对于提升设计质量具有显著的作用，尤其是在 Linux 系统软件编程环节，C# 语言可以有效提升程序设计质量。

因此，C# 语言的广泛使用能够为计算机程序设计的规范化和标准化提供保障，避免无意义的重复工作。C# 语言还克服了 C++ 语言易产生程序错误的缺点，开发人员可以使用较少的代码实现功能强大的应用程序，减少错误的发生，有效缩短系统开发周期。

3. Visual Basic 语言

Visual Basic 是由微软公司开发的包含环境的事件驱动编程语言，源自 Basic 语言，也是现阶段使用人数较多的计算机编程语言。其广泛地应用于软件的界面设计、数据库的构建以及文本文件的处理中。与 C++ 语言相比，Visual Basic 拥有更高的灵活性和便利性。

4. Go 语言

Go 语言由谷歌团队开发和维护，它便捷、高效、拥有丰富的类库等，这些特点使其逐渐获得开发者们的青睐。Go 语言自研发起始终秉持着简化并发编程的理念，可以真正用于解决谷歌公司复杂的业务需求。Go 语言是一种静态类型的编译型语言，自 Go v1.5 开始，Go 语言脱离了 C 语言的编译器而使用。与其他传统的编程语言相比，Go 语言中丰富的内置类库实现了大量的接口函数，极大程度地简化了开发者们的开发工作，开发者们只需调用相应的类库即可实现相关的功能。由于 Go 语言是编译型语言，与其他解释型语言（如 Python）相比，运行效率更高，同时 Go 语言还和 Python 语言一样具有丰富的第三方库。

Go 语言是一种表达能力强、效率高的语言。更重要的是，Go 语言有自己严格的书写规范和原则，它遵循"一个任务有且仅能有一种方法来完成"的思想，

这就避免了某些开发者一味地追求个人风格而忽略了代码的规范性。Go 语言作为新兴的开源语言，能够帮助人们更方便、快捷地学习编程。

5. Rust 语言

Rust 语言由 Mozilla 公司开发，用于构建高效且安全的底层软件。它的设计初衷是创造一种可以提供 C++ 语言级别的性能，同时保障内存安全和线程安全的编程语言，其最初目的是重写火狐（Firefox）浏览器的内核（Servo 项目），以实现更好的并行

性、安全性、模块化和更高的性能。在过去的几年中，Rust 语言受到了越来越多的关注，特别是在构建操作系统和浏览器等底层软件方面。目前 Servo 项目的一部分模块已经并入火狐浏览器的代码中。

6. Carbon 语言

2022 年，谷歌工程师钱德勒·卡鲁思（Chandler Carruth）宣布谷歌公司内部正在打造一款新的编程语言——Carbon，并将它作为 C++ 语言的继任者。Carbon 语言与 Rust 语言有许多相同的目标，并且支持与现有的 C++ 代码完全互操作，目标是帮助开发者尽可能轻松地从 C++ 语言迁移到 Carbon 语言。

目前，Carbon 语言的代码已完全开源，旨在成为一个"独立且由社区驱动的开源项目"。Carbon 语言具有以下特色：

- Introducer 关键字和简单语法；

- 函数输入参数为只读值；

- 指针提供间接访问和变体；

- 使用表达式来命名类型；

- 软件包为 root 命名空间；

- 通过包名导入 API；

- 用显式对象参数进行方法声明；

- 单继承、默认使用最终类；

- 强大且经过定义检查的泛型；

- 类型可显式实现接口。

7. Kotlin 语言

Kotlin 语言是一种适用于现代多平台应用开发的静态编程语言，由 Jet Brains 公司开发，它有助于提高工作效率、开发者满意度和代码安全性。2019 年，谷歌公司把 Kotlin 语言定为推荐语言，其后续的支持组件包都是以 Kotlin 作为开发语言，可见谷歌公司对 Kotlin 语言的重视。此外，Kotlin 代码与 Java 代码能够互转，如可以通过 Android Studio 开发工具的一键转换功能将 Java 代码转换成 Kotlin 代码。Kotlin 语言具有以下特点：

- Kotlin 代码书写更加简单，效率更高；

- Kotlin 语言引入了可空类型系统，避免空指针异常；

- Kotlin 语言与 Java 语言保持 100% 兼容，拥有 Java 语言的完整生态；

- Kotlin 语言能够完全自由地使用各类 Java API 框架库和 Java 语言各种非常成熟的技术；

- Kotlin 语言具有现代流行语言的高级特性，如语法糖、函数式编程、多范式等；

- Kotlin 代码可以编译成 Java 字节码，也可以编译成 JavaScript，方便在没有 JVM 的设备上运行。

所以使用 Kotlin 语言开发 Android 应用可以做到：用更少的代码更快速地开发出更少空指针异常的应用。

8. Swift 语言

Swift 语言是由苹果公司员工克里斯·拉特纳（Chris Lattner）开发的一款编程语言。Swift 语言在编程中较其他编程语言更轻松、灵活和有趣。可以在苹果官方 GitHub 在线免费下载。

Swift 语言广泛用于苹果操作系统，它吸收了 C 语言和 Objective-C 等编程语言的优点，在使用过程中不受 C 语言兼容性的限制。Swift 语言采用了实时编译、持续跟踪和及时警告语法错误、提供设计建议和内存管理等安全的编程模式，且自身带有预定义的库，使得它不仅具有 C、C++ 等基础编程语言的强大功能，还具备 C# 或 JavaScript 等高级语言的流畅性。

Swift 语言作为新兴编程语言，有着语法、代码简洁，可读性强，对用户友好且易于学习等诸多优势。特别是 Swift 语言使用 Playground 的编写模式，让编写代码变得十分有趣。当然，Swift 语言还需要不断发展完善，需要在用户数量和库的扩展方面进一步提高。

9. JavaScript 语言

JavaScript 语言的前身是 LiveScript，在网景（Netscape）公司与 Sun 公司合作后，于 1995 年由网景公司的布伦丹·艾希（Brendan Eich）在网景导航者浏览器上设计而成。事实上，JavaScript 和 Java 是两种完全不同的语言，只是因为网景公司高层希望它能够与 Java 有所关联，所以将它命名为 JavaScript。

JavaScript 语言的主要目的是解决 Perl 等服务器
端语言存在的速度慢的问题，提高浏览器响应速
度。在网页中引入 JavaScript 语言编写的程序之
后，网页能变得更加生动、灵活。JavaScript 语言

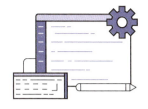

采用对象事件触发机制，网页监听到某元素的某事件触发时，就会调用对应的
事件处理函数，把函数处理结果返回给函数调用的页面元素。

JavaScript 语言是用于网站前端设计的脚本语言，可以增强网页的交互性。它
是弱类型变量的面向对象的组合式语言，可以利用文档对象模型对网页中的标
签进行添加、删除、插入和替换等操作。网站前端开发的宗旨就是尽可能提高
用户体验，交互则是重要主题之一。JavaScript 语言凭借自身的许多特点成为
Web 前端开发的热门程序设计语言之一。

JavaScript 语言的特点归纳起来有以下几点。

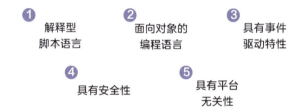

10.　TypeScript 语言

TypeScript 语言是由微软公司开发的一款面向对象的语言。
它为 JavaScript 语言增加了静态类型系统，与 JavaScript
语言相比，它具备更高的可靠性。TypeScript 语言提供了

公有、私有与受保护的修饰符，可以控制变量和方法的访问权限，将实现细节
隐藏。它还实现了接口功能，可以将接口抽象出来后由类实现，与传统的面向

对象编程的语言相比，TypeScript 语言更具流动性。此外，TypeScript 语言还增强了代码的可维护功能。并且所有使用 TypeScript 语言编写的代码都可以通过编译器编译成浏览器可以运行的代码。

编程语言浩如烟海，不能一一尽述，但我们可以根据它们的特点，选择适合自己使用的编程方式和编程语言。在不同行业中，不同编程语言的受欢迎程度不同，这主要是由编程语言本身的特点决定的。开发者对编程语言应无好恶之心，只有适合不适合，同时在选择编程语言的过程中，需要考虑到所选择的编程语言是否可以兼容不同的软件环境。

另外，成本管理是软件项目管理的一个重要组成部分，因此在选择编程语言时，还需要考虑在开发、测试以及运维阶段所产生的成本。作为软件开发人员，应合理选择软件的开发语言，尽量选择开源、灵活和简便的编程语言。

实际上，在软件的开发过程中选择合适的编程语言具有一定的难度和挑战性。所以只有深入了解各种编程语言的特点和功能，才能选出最合适的那种，以便降低软件开发难度，提高软件的实用性。

2.3　英语是另一门编程语言

2.3.1　程序员英语——编程世界的敲门砖

众所周知，英语是计算机的母语，是程序的母语。所以对程序员而言，英语就成了进入编程世界的敲门砖。英语等级水平大致分为 6 级，如图 2-2 所示（仅供参考）。

图 2-2　英语等级水平示意

可能有朋友会疑惑，看中文技术文档、博客不也挺好？也有中文译本的书籍，看中文更能节约时间，为什么非要学英语？大家可以想象以下画面。

- 遇上技术难题，直接查阅官方文档，无须借助字典、搜索引擎，所有信息一目了然。

- 查阅官方文档还没解决问题，不慌，打开 Stack Overflow，熟练地用英语输入问题，随即与来自全球各地的程序员们一同讨论，最后疑惑得到解答。

- 文件命名、查源代码等日常工作不用再抓耳挠腮，想破脑袋。

怎么样，这种遇到问题三下五除
二就解决掉的样子，很酷吧~

此外，程序员一定要学好编程英语还有以下客观理由。

- 编程语言的历史原因。欧美是编程技术的主要发源地，且欧美的编程技术一直处于世界先进水平。所以要想学习到最新的编程知识和最前沿的技术，学好英语很重要。

- 主流编程语言都是英文。这一点和编程语言的历史原因相似。英语能力成为学习编程技术的门槛。

- IT 行业发展迅速，新名词层出不穷。程序员是一个要始终保持学习的职业，技术迭代快，如果不学好英语，很难跟上脚步，沟通也可能变得困难。

- 大部分优秀教程视频都是英语讲解的，世界名校的课程也都是英语授课的，且通常没有翻译，学好英语可以直接学习这些优秀视频和课程。

- 英语是世界通用语言之一。英语普及度高，不同国家的程序员可以直接交流讨论，彼此借鉴，以码会友。

- 视野变宽。可以不再被禁锢于原有的信息渠道，可以看到比中文世界更多、更丰富的内容。

为什么不建议总是看翻译后的内容

鸠摩罗什（将佛经译为中文的翻译家）曾说过："翻译工作恰如嚼饭喂人。"一个人若不能自己嚼饭，就只好吃别人嚼过的饭，但经过这么一嚼，饭的滋味、香味肯定比原来差多了。

技术文档、图书也是如此。一方面，语言之间翻译过来总会有一些"耗损"，往往原文的内容有多种暗示和意味，翻译过后，可能就失去了其中的精妙。所以内容的准确程度非常依赖译者的水平。但如果自己查阅原文，就会比阅读翻译作品获得更多有保障的信息。

另一方面，翻译的图书、文章往往都要很长一段时间才能面向大众。这意味着程序员所学习到的知识始终和世界的最新技术、最新理念有时间差距。所以与其等待别人的翻译，不如直接阅读原文。

2.3.2　英语学习避雷指南：切莫劳而无功

学习是一场持久战，需要很多时间和精力，而错误的方法很可能让我们在这场战役中消耗更多的时间，甚至战败。下面列举了部分错误的英语学习方法。

- 学习动机不明确。不清楚自己学习英语的目的是什么，学习起来"东一榔头西一棒槌"。

- "速成"心态。快节奏的生活，让我们凡事都想"快一点、再快一点"，但"欲速则不达"，学习尤甚。

- "三天打鱼，两天晒网"。

  - 不合理的睡眠时间。通宵熬夜，挑灯夜战，用自己休息的时间来学习，看似勤奋刻苦，实则本末倒置。

  - 不合理的学习计划。总喜欢把时间安排得满满当当，井井有条，结果因为计划过于充实，导致一直没行动。

  - 上来就"啃"单词书。背单词不仅枯燥乏味，而且总是记了又忘，没坚持几天就放弃了。

- 自我认知不足。明明自己能力不足，却想挑战较高难度；明明能力尚佳，却从背单词开始。

- 学习过程中没有建立正向反馈。学习需要激励，没有一个合适的正向反馈，很容易中途放弃。

- 拒绝学习新的、复杂的内容。一直不肯踏出自己的舒适圈，安于现状，当外界环境发生变动时，又开始焦虑，陷入恶性循环。

- 不喜欢、不享受现在做的事。强迫自己学英语，拿起书就头疼。

2.3.3 事半功倍系统学：听说读写四项训练

对我们来说，学习的第一要义是明确学习目标。目标明确了才能制订清晰明确的学习计划。明确学习英语的目的是出国深造、外企就业，还是查看最新文档和行业人员探讨前沿技术？这些不仅是学习之前要确定的，还是阅读本节前需要明确的。

艾宾浩斯遗忘曲线

艾宾浩斯遗忘曲线（见图 2-3）是用于表述记忆里中长期记忆的遗忘率的一种曲线。它表现的是时间和记忆的关系。

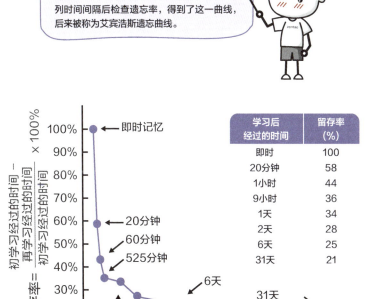

图 2-3　艾宾浩斯遗忘曲线

20 分钟后，约 42% 被遗忘，58% 被记住。

1 小时后，约 56% 被遗忘，44% 被记住。

1 天后，约 66% 被遗忘，34% 被记住。

6 天后，约 75% 被遗忘，25% 被记住。

1 个月后，约 79% 被遗忘，21% 被记住。

也就是说，随着时间变长，原本记住的东西留存率越来越低，再深刻的记忆也会被时间淡化。

艾宾浩斯在《记忆心理学》[1]一书中还指出，构成记忆的 3 个条件分别是识记、保持和复现。

识记是事物在脑中给人留下的印象；而保持，是记忆在意识中或意识之外的地方所能保持的时间；复现也叫回忆，是记忆回到意识中或人用意志力对记忆进行调用的综合分析。

如何学习编程英语才能做到事半功倍呢？本节主要从听说读写 4 个方面来阐述。针对不同学习目的，大家可以选择性阅读。

1　赫尔曼·艾宾浩斯 . 记忆心理学：通过实验揭秘记忆规律［M］. 倪彩，译 . 北京：中国纺织出版社，2018.

1．基础不牢，地动山摇：单词篇

背单词，是一件苦差事。工作以后还要继续背单词，没想到吧，上学时期被单词支配的恐惧重新涌上心头。工作后的学习和校园时期的学习不同，一是工作后时间紧张，没有大量时间来背诵；二是校园时期的学习在于广泛积累，而工作后的学习以实用为主。所以对于校园时期的学习方法，工作后就不太适用了。但别慌，阿道整理了记忆单词的好方法，可以帮助大家在繁忙的工作中高效学习！

单词学习有妙招

根据艾宾浩斯提出的识记、保持和复现 3 个条件，分享几个记单词的小妙招。

1）重复！重复！重复！无他，唯手熟尔。从艾宾浩斯遗忘曲线我们也能看出，随着时间的推移，人能记住的内容会越来越少。将短时记忆变为长时记忆，就需要不断地重复、复习所学知识，加强记忆！

2）在理解的基础上记忆。艾宾浩斯在《记忆心理学：通过实验揭秘记忆规律》一书的实验中指出：记住 12 个无意义的音节平均需要重复 16.5 次，记住 36 个无意义的音节平均需要重复 54 次，而记忆一页诗中的 480 个音节平均只需要重复 8 次。这个实验告诉我们，只有在理解的基础上，我们才能记得又快又好，所以切忌死记硬背！

3）间隔学习优于集中学习。10 天里每天学一遍和一天学 10 遍，前者的效果可能会更好。艾宾浩斯给出过一个实验数据：分散在 3 天学，需要背 38 遍能记住；集中在 1 天学习就需要背 68 遍才能记住。对时间不是很充裕的程序员来说，可以稍稍松口气了。

4）根据记性好坏调整学习间隔。学习计划的制订与背诵内容的难度及个体的记忆力密切相关。换言之，由于每个人的记忆力水平不同，如果记忆力较好或学习内容的难度较低，就可以减少学习频次；如果记忆力较差或学习内容的难度较高，就需要增加学习频次。

5）正确发音。学习一门语言，一定离不开它的发音。正确的发音可以帮助我们更快地掌握单词的正确写法。

扫描右侧二维码即可观看禅道编程英文发音视频，快来听听它们是如何正确发音的。

6）互动学习。将单词融入环境中，养成记录单词的习惯，让自己随时随地都能看到单词。

7）用英文检索。搜索时尝试并坚持用英文搜索。这也是为自己创造英语环境的方式之一。

2. 实现阅读、写作自由：阅读篇和写作篇

阅读英语的正确姿势

1）有英文原版就尽量不看中文版。对大多数人来说，刚开始阅读英文速度会很慢，这很正常，但只要加上单词的积累和刻意训练的阅读技巧，阅读速度和效率就会逐渐提升。前面也提到，很多前沿的技术

知识和官网手册基本都用英文编写，所以要掌握第一手资料，能够轻松阅读英文很重要！

2）学会泛读。不是所有的内容都值得精读。精读是一件比较耗费时间，且需要一段集中的时间进行阅读的事。除了一些学术性和研究性较强的文章和图书适合精读，大部分文档和文章我们都可以选择泛读，以此来提升阅读速度。泛读只需要了解内容大意、主要思想和作者观点即可。

3）每天挤出一点儿时间看英文文档。利用碎片化时间看英文文档，既能锻炼阅读能力，又能学到新单词和新知识。

4）阅读要有足够的背景知识。在学生时代，我们阅读一篇文章会了解作者所处时代和写作背景，这有助于更好地理解和掌握文章的核心思想。在 IT 行业，我们时常会遇到新的术语和词汇，这些词汇陌生且难以理解。但当具有足够的行业背景知识时，即便遇到陌生的词汇，阅读时也可以通过猜测进行理解。相比完全不了解行业背景的人，阅读起来也会更轻松。

5）了解主力语言中的各种术语。不用特意把各种语言的术语都看一遍，直接把自己的主力语言中的术语看一遍即可。

6）经常逛外文论坛。可以经常去 GitHub、Stack Overflow、Reddit、Quora等外文论坛看看，了解时下世界范围内的程序员们都在讨论什么话题、何种技术，了解最新的信息。

7）用英英词典，而非英汉词典。查阅单词时，可以尝试用英英词典，这样既能保证学到新的单词，又能一直在英语语境下学习、培养语感。

写作，也可以是件享受的事

（1）日常写作

这里提到的写作并非专业写作，而是日常写作。阿道给大家列出了几个在日常工作中就能练习的写作场景：

- 用英文写技术文档；

- 用英文写邮件进行交流；

- 日常用英文写注释；

- 写英文博客。

刚开始写博客可能会有些心理压力，觉得自己文笔不好，词汇量不够，写不了好内容。我们可以先模仿，看一些优质的文章、博客，分析别人的文章结构和写作方法，然后尝试写作。

辞藻不必十分华丽，重要的是先准确、完整地表达出自己的意思。

不论用什么方法，总之就是将英文写作融入工作中，大到用英文写技术文档，小到用英文写提交信息，为自己营造英语氛围，养成英文写作的习惯。时间久了，我们会发现自己的英语能力有了不小的提升。

（2）翻译文章

翻译后的文章，说不定也会帮助其他程序员，有满满的成就感！

尝试翻译一些技术文档、博客或官方手册，输出能够检验自己是否真正掌握了知识。在翻译的过程中，可以找出自己在哪些方面还存在不足，从而及时调整学习方向。

3. 像本地人一样交流：口语篇和听力篇

如果你没有在外企工作的需要，可以选择跳过本节。当然，如果你想要改善自己的"哑巴英语"，也欢迎继续看下去。

首先，拒绝"哑巴英语"。

1）正确发音。大声朗读，争取每个单词都做到清晰、标准地发音。我们在顺畅读出来后，就可以尝试模仿读音了。

2）刻意模仿。"影子练习"跟读过程中，我们需要记录自己的跟读音频，反复练习并不断纠正读音。

3）加强练习。可以写一份英文简历，并用英语做一段自我介绍。反复练习，直到能说出来比较自然的句子。注意简历要时常更新内容。

下面准备了几个练习话题，供大家参考：

- 介绍自己；
- 谈谈对某一技术的看法；
- 介绍家乡；
- 聊聊某一产品（自己的产品 / 其他产品）；

……

有条件的可以和外国人或外教交流，提前设定好交流的内容和难度，不然"瞎聊"是没有效果的。没有条件的也可以通过一些英语 App 或者对着墙练习，注意要一边想着情节一边说，而不是干巴巴地念出来。

大胆开麦！语言就是用来表达的。

接下来，不断练习听力。

书面表达和口语表达是有差别的。英语口语中存在连读、弱读的情况，这就导致明明单词都会读，但却听不懂。练习听力常见的误区如下：

- 过于依赖字幕；

- 无意识地听；

- 选择不合适的材料；

- 注意力不集中；

- 不能坚持练习。

可以通过以下方法练习听力。

- 看技术类英语教学视频。例如，知名程序员乔恩·斯基特（Jon Skeet）的教学视频。

- TED Talks 等演讲视频。可以多看看英语演讲视频，不仅语速合适，而且在英语表达上也更专业，既能锻炼听力，又能促进思考。

- 英语脱口秀。看英语脱口秀，它在口语表达上更加日常，既可以了解国外的社会文化，也能了解他们的日常表达习惯和当下社会热议的内容。

上述提到的听、说、读、写 4 项练习是可以互相交融的，大家在学习时可以将相应的技巧互相穿插运用。例如，背单词时可以大声朗读出来，既能记住单词，又能练习发音；练习听力时可以把听到的内容写下来以积累写作素材等。不论学习了多少方法、技巧，重要的是立即行动，坚持不懈！

现在开始制订你的英语学习计划吧~

2.4　走入Linux系统的世界

本节开始前，大家可能会有跟阿道一样的困惑：为何要学 Linux 系统？

为什么要学习Linux系统？我不理解。

知其然，也要知其所以然。对于这个问题，阿道的回答有且只有一句话：Linux 系统是一款优秀的软件产品。具体原因如下。

- Linux 系统开源，基于 GPL 协议，自由开放。目前社区也在持续提供高质量代码及二次开发服务、安全补丁、相关插件等，安全性、可用性都能得到保证。

- Linux 系统是一款类 UNIX 系统，继承了 UNIX 系统稳定高效的优良传统。所以将 Linux 系统用作服务器，能够持续运行，与 Windows 系统相比更有保障。

- Linux 系统具有跨平台硬件支持的特性。Linux 内核大部分是用 C 语言编写的，且采用了可移植的 UNIX 标准应用程序接口，它支持 i386、Alpha、AMD 和 Sparc 等系统平台，以及个人计算机、大型主机，甚至包括嵌入式系统在内的各种硬件设备。

 小小的企鹅，大大的能量。

基于以上原因，Linux 系统具有高稳定性、高安全性、高效率、低成本、多任务、多用户、良好的用户界面等优势。也正是因为上述优势，Linux 系统成为服务器领域的首选操作系统，在企业应用中得到了广泛的使用。

阿道的公司现在给每位技术同事都配备了 MiniPC，安装 Linux 系统，让大家能够深度学习。Linux 系统、Shell 和 Vim 已经是技术同事们必须要掌握的了！

当然，很多人可能和阿道一样，初次接触 Linux 操作时会摸不着头脑。不使用鼠标怎么操作？没错，Linux 系统在操作上最大的特点就是"离鼠标越来越远"。建议逐步学习掌握 Linux 系统常用的操作命令，从鼠标中解放双手，提升操作效率。

接下来，就由阿道带大家走进 Linux 系统的世界。

2.4.1　Linux 系统强大的生命力：你不知道的 Linux 系统

Linux 系统在我们的生活、工作中可以说是"无处不在"。本节先介绍几个"冷知识"。

- 如果你使用的是 Android 手机，那你每天都在接触 Linux 内核，因为 Android 系统正是基于 Linux 内核开发的。

- 虽然大家现在用现金很少，但涉及存取现金时，需要在银行 ATM 或柜台办理，相关系统也离不开 Linux 系统的支持。

- 电影《泰坦尼克号》中豪华巨轮与冰山相撞最终沉没的震撼场面，要归功于电影特技效果公司里终日处理数据的 100 多台 Linux 系统服务器。

- 国际 TOP500 发布的全球超级计算机 500 强几乎都运行在 Linux 系统上。

没错，Linux 系统已经在大家认识它之前就从各个方面进入了我们的视野，它几乎可以运行在任何设备上，且不会随着设备被淘汰。而对个人来说，Linux 系统可定制程度高，自己的 Linux 系统怎么顺手怎么用，可有效提升工作效率。

接下来，介绍 Linux 系统当下的应用。

1. 服务器 Linux 系统应用领域（核心）

凭借"稳定性"这一重要特性，Linux 系统深受企业级服务器欢迎。如今，软件行业服务器领域主流的系统有 Windows、UNIX 和 Linux。相比 Windows 和 UNIX 这两个系统，以 CentOS、Ubuntu 为代表的 Linux 系统奋起直追，后来居上。

Linux 系统可以为企业架构 WWW 服务器、数据库服务器、负载均衡服务器、邮件服务器、DNS 服务器、代理服务器、路由器等。近些年来，Linux 服务器市场得到了快速提升，尤其是在高端领域应用更为广泛。Linux 系统不仅可以降低企业运营成本，还具有高稳定性、高可靠性，而且免去了商业软件授权问题的困扰。银行及交易所等金融系统、电信系统、硬件厂商，甚至像阿道在"冷知识"部分提到的，不是强相关的影视行业都应用着 Linux 系统并从中受益。

2. 嵌入式 Linux 系统应用领域

Linux 系统运行稳定、对网络支持好、成本低、稳定可靠、极具灵活性和伸缩性，还可以广泛支持大量微处理器体系结构、硬件设备、图形界面和通信协议，因而在嵌入式应用领域也很受欢迎。

具体来说，从互联网设备（路由器、交换机、防火墙、负载均衡器等）到专用的控制系统（自动售货机、手机、掌上电脑、各种家用电器），Linux 系统都有广泛的应用。例如，前文"冷知识"中提到的 Android 智能手机，就是 Android Linux 在嵌入式 Linux 系统应用领域的实践。

3. 个人桌面 Linux 系统应用领域

如果将企业级服务器应用视为 Linux 系统的 B2B（Business to Business，企业对企业），那么个人桌面领域则更接近于 B2C（Business to Consumer，企业对用户）。个人操作系统也就是常说的计算机所使用的操作系统，如 Windows 10、Windows XP、macOS 等。Linux 系统在这方面的支持也足够成熟，可以满足个人计算机的家用和办公需求。

在个人桌面系统方面，Linux 系统的应用还是相对小众的。这并不是因为 Linux 系统的性能、稳定性等特性不能满足个人用户需求，而是因为 Linux 系统的操作门槛比常见的 Windows 系统、macOS 都更高。个人如果使用 Linux 系统需要自行配置、改变理念、学习操作，还要考虑在 Windows 系统上开发的软件的移植问题。

还是稍微有门槛的哦！

2.4.2　UNIX 哲学：UNIX 系统和 Linux 系统的"前世今生"

说到 Linux 系统，绕不开的一定是 UNIX 系统，因为 Linux 系统是类 UNIX 系统。是不是有点绕？那就先从 Linux 系统和 UNIX 系统的关系讲起吧！

从时间上来说，UNIX 系统诞生于 1969 年，此后一直广泛应用于生产领域。Linux 系统则诞生于 1991 年，是 UNIX 设计基础的延续。Linux 发行版是 UNIX 系统衍生产品中最著名的例子。

从应用上来说，UNIX 系统应用范围之广，令人难以置信。它在定制技术应用、商用成品软件平台和互联网等各个领域都大放异彩。

从开源性来说，UNIX 系统是商业化的，其源代码并不开放。相比之下，Linux 系统则代表着自由软件运动，它不仅免费，而且源代码是公开的。

综合上述对比，大家可以看出，Linux 系统不管是诞生时间还是设计基础都是基于 UNIX 系统的，由此戏称二者是"父子关系"。既然如此，讲 Linux 系统必然离不开"其父"——UNIX 哲学。事实上，不管是 UNIX 系统还是本书所提到的敏捷、DevOps 等（后文将详细介绍），都在强调"文化""艺术""哲学"等字眼，我们只有理解了它所根植的文化，才能更好地实践。

接下来，阿道就站在巨人的肩膀上，把一些受到主流认可的 UNIX 哲学盘点一下。

1. 道格拉斯·麦克罗伊

道格拉斯·麦克罗伊（Douglas McIlroy）是 UNIX 系统上管道机制的发明者，也是 UNIX 文化的缔造者之一。他归纳的 UNIX 哲学如下。

程序应该只关注一个目标，并尽可能把它做好；让程序能够协同工作；应该让程序处理文本数据流，因为这是一个通用的接口。

简单来说就是：做一件事，并且做好它。

2. 罗勃·派克

虽然罗勃·派克（Rob Pike）在 *Notes on Programming in C* 中的阐述是关于程序设计的，但作为 UNIX 哲学丝毫不为过。

- 我们永远不会知道自己编写的程序会在什么地方卡壳。这些瓶颈常常在意料不到的地方出现，所以在真正找到瓶颈后再动手优化代码吧。

- 测试代码。只有在经过详细测试后，发现确实有部分代码消耗了绝大部分的运行时间时，再对程序做速度优化。

- 功能全面的算法（fancy algorithm）在处理小规模问题时效率很低，这是因为算法时间效率中的常量很大，而问题往往规模很小。除非知道现在遇到的常常是复杂的情况，否则就让代码丑陋但是简单而高效吧。（即使问题规模确实很大，也首先尝试第二条规则。）

- 功能全面的算法比简单的算法更容易产生缺陷（bug），而且更难实现，所以要尽量使用简单的算法和数据结构。

- 数据决定一切。如果选择的数据结构能很好地管理数据，算法部分往往不言自明。记住，数据结构才是编程的关键。

- 第六条规则是没有规则。

第六条规则真是惊呆了我。

3. 埃里克·雷蒙

开源领袖埃里克·雷蒙（Eric Raymond）在 UNIX 经典图书《UNIX 编程艺术》[1] 中总结了 17 条 UNIX 哲学原则。

---

1 Eric Raymond.UNIX 编程艺术 [M] . 姜宏，何源，蔡晓骏，译 . 北京：电子工业出版社，2012.

UNIX 哲学的精髓不是这些先哲们口头表述出来的，而是由他们所做的一切和 UNIX 系统本身所体现出来的。这 17 条 UNIX 哲学原则具体如下。

- 模块化原则：写简单的程序，再用干净的接口连接起来。

- 清晰原则：清楚、透明的算法比高深的算法更好。

- 组合原则：写出的程序要能跟其他程序一起工作。

- 分离原则：分离接口和引擎。

- 简单原则：尽量简化设计，不到必要的时候不增加复杂性。

- 简约原则：只在必要的时候写大程序，一般情况下尽可能写小程序。

- 透明原则：应该写易于测试、易于检查的代码。

- 健壮原则：当遵循了简单原则和透明原则时，健壮性自然而然就有了。

- 表达原则：用数据结构表达逻辑，而不是用过程表达逻辑。

- 最小意外原则：用最常规的方法进行设计。

- 沉默原则：如果程序没什么特别的事情要表达，应该保持沉默。

- 经济原则：宁花机器一分，不花程序员一秒。

- 生成原则：尽量避免敲代码，最好写一段代码来帮助生成代码。

- 修复原则：当程序出现异常时，应该马上退出并抛出异常点，越早越好。

- 优化原则：先做一个原型，让它工作起来，再考虑优化的事情。

- 多样性原则：一个问题有多个好的解决方案，但没有"银弹"。

- 可扩展性原则：设计应着眼于未来，因为未来总比预想发展得更快。

看了这么多前人表述的 UNIX 哲学，一言以蔽之就是 KISS（Keep It Simple, Stupid）原则。

2.4.3 必备 Linux 技能：高效学习速掌握

清楚了 UNIX 系统，就可以来看 Linux 系统的具体应用和操作了。总体来说，掌握 Linux 系统需要了解以下知识。

1. 编辑器

在开启 Shell 脚本编程生涯之前，必须了解 Linux 系统中至少一款文本编辑器的用法。通常，对编辑器功能了解越多，编写 Shell 脚本的速度就越快。常用的文本编辑器有 Vim、Emacs、Nano、KWrite 等。阿道在这里介绍常用的两款。

（1）Vim 编辑器

UNIX 系统最初的编辑器是 Vi。它使用控制台图形模式来模拟文本编辑窗口，允许查看文件中的行，以及在文件中移动、插入、编辑和替换文本。Vi 编辑器在 GNU 项目中被移植到开源世界，开发人员对其做了一些修改，并将其重命名为 Vi-improved，即 Vim。

Vim 文本编辑器默认会安装在当前所有的 Linux 系统上，并设置有 4 种模式：正常模式（浏览文件等）、插入模式（输入文本）、命令模式（进行内容查找、设置格式等）、可视模式（直观地浏览选中的文本内容）。其中，每种模式都分别支持多种不同的命令快捷键，能够大大提高开发人员的工作效率。

（2）Emacs 编辑器

Emacs 编辑器是一款比 Vim 发布得更早的文本编辑器，后被开发人员陆续移植于 UNIX 环境和 Linux 环境中。在 Emacs 中打开的文件会显示在缓冲区中，具体每个缓冲区如何显示、执行什么命令，就要靠"模式"了。Emacs 编辑器的独特之处在于它有主要模式和次要模式两种模式。

主要模式（Major Mode）：每个缓冲区有且仅有一个主要模式。主要模式如下。

- Text Mode（文本模式）：用于编辑普通文本文件的模式，提供基本的
  编辑功能和文本格式化选项。

- Fundamental Mode（基本模式）：最基本的编辑模式，不提供任何语法高亮或
  特定功能，用于编辑没有特定模式的文件。

- Shell Mode（Shell 模式）：用于在编辑器中运行命令行 Shell，可以执行命令、
  查看输出并编辑输入。

- Lisp Mode（Lisp 模式）：用于编辑 Lisp 语言（如 Emacs Lisp、Common
  Lisp）的模式，提供语法高亮、自动缩进等 Lisp 相关功能。

- Python Mode（Python 模式）：编辑 Python 的模式，提供语法高亮、代码缩
  进、代码自动补全等与 Python 相关的功能。

次要模式（Minor Mode）：可以与主要模式结合。次要模式如下。

- Auto Fill Mode（自动换行模式）：在输入文本时自动换行，保持每行长度
  符合要求。

- Flyspell Mode（拼写检查模式）：实时检查文本中的拼写错误，并提供修正
  建议。

- Version Control Mode（版本控制模式）：与版本控制系统（如 Git）集成，提
  供代码库的查看、提交、回滚等操作。

- Org Mode（Org 模式）：一种用于组织和管理信息的模式，支持创建笔记、创
  建任务列表、安排日程等功能。

- Dired Mode（Dired 模式）：用于浏览和管理文件系统的模式，类似文件资源管
  理器。

此外，Emacs 还支持许多其他主要模式和次要模式，用于编辑各种编程语言
（如 C、Java、JavaScript）、标记语言（如 HTML、XML）、文档格式（如

LaTeX）等。

用户可以根据自己的需求自定义和创建新的主要模式和次要模式。需要注意的是，不同的 Emacs 发行版和用户配置可能会有不同的模式设置，因此具体的模式列表可能会有所差异。

2．Shell 脚本

Shell 是一种特殊的交互式工具，它为用户提供了启动程序以及管理文件系统中的文件和运行在 Linux 系统上的进程的途径。Shell 的核心是命令行，这是 Shell 负责交互的部分。命令行允许我们输入文本命令，然后解释命令，并在内核中执行。

Shell 包含了一组内部命令，用这些命令可以完成诸如复制文件、移动文件、重命名文件、显示和终止系统中正在运行的程序等操作。Shell 允许我们在命令行中输入程序的名称，它会将程序名传递给内核并启动内核。

我们可以将多个 Shell 命令放入文件中作为程序执行，这些文件被称作 Shell 脚本。在命令行中执行的任何命令都可放进一个 Shell 脚本中作为一组命令执行。这为创建将几个命令串联起来工作的工具提供了便利。

在 Linux 系统上，通常有多种 Linux Shell 可用。不同的 Shell 有不同的特性，有些更利于创建脚本，有些则更利于管理进程。如果某个 Linux 发行版包含多个 Shell，那么可以尽情尝试不同的 Shell，以便确定哪一个更符合自身需求。

写 Shell 脚本是使用 Linux 系统必备的技能，如果还能写 PHP、Python、Perl、Ruby 脚本自然更好。

3. Linux 系统帮助命令

Linux 系统的命令有上千个，每个命令又有若干参数指出不同情境下的执行。我们需要记住常用的命令，对于不熟悉的命令或者不熟悉的参数，可以通过 Linux 系统帮助命令快速定位。

Linux 系统的帮助命令主要有 3 个。

- help 命令
- man 命令
- info 命令

（1）help 命令

help 命令（见图 2-4）顾名思义就是用于显示帮助信息，它是 Bash 内建命令，即用来显示 Bash 内建命令的帮助信息。如果要显示外部命令的帮助信息，可以使用 man 命令或者 info 命令。

语法

help+(选项)+(参数)

选项

-d：显示内建命令的简要描述。

-m：按照man手册的格式输出内建命令的帮助信息。

-s：仅输出内建命令的命令格式。

不指定选项时：输出的帮助信息类似于-m选项，但是缺少段落名称和'SEE ALSO' 'IMPLEMENTATION'部分。

图 2-4　help 命令

（2）man 命令

在 Linux 系统中有一个无所不能的"人"——man 命令（见图 2-5），它可以查看 Linux 系统中的指令帮助、配置文件帮助和编程帮助等信息，让使用者掌握命令或者函数的使用方法以及不同参数的含义。相比 help 命令，man 命令可以获取更多、更复杂的帮助信息。

语法

man+（选项）+参数

选项

-a：在所有的man帮助手册中搜索。

-f：等效于whatis指令，显示给定关键字的简短描述信息。

-P：指定内容时使用分页程序。

-M：指定man手册搜索的路径。

图 2-5　man 命令

（3）info 命令

info 命令（见图 2-6）的功能与 man 命令基本相似，能够显示出命令的相关资料和信息。

与 man 命令稍有区别的是：

- info 命令可以获取与所查询命令相关的更丰富的帮助信息；

- info 命令以主题的形式把几个命令组织在一起以便阅读，在主题内以节点的形式把本主题的几个命令串联在一起。

语法

info+(选项)+(参数)

选项

–d：添加包含info帮助文档的目录。

–f：指定要读取的info帮助文档。

–n：指定首先访问info帮助文档的节点。

–o：输出被选择的节点内容到指定文件。

图 2-6　info 命令

第 3 章　程序员的编码修养

如果说熟练掌握编程语言是程序员编写代码的基础，那么代码可读性、代码规范等则是必不可少的职业素养。在变局中求生存，更要打牢程序员职业素养的地基。

3.1　编码前：必须做好的准备

3.1.1　做个"建筑工程师"：打好编码基础

在开始动手构建软件之前，我们的前期准备其实就已经决定了我们项目的成败。这就像建筑中的打地基环节，如果前期计划没有做充分（就像地基没有打好），那么在建造过程中就会偏离方向。

所以在构建之前，阿道建议大家给自己戴上一顶"建筑工程师"的帽子，为项目制订计划，做好项目的前期准备。引用《代码大全》（ *Code Complete* ）[1] 中的一句话："如果你在项目的开始阶段强调质量，那么你就会计划、要求并设计一个高质量的产品。"这意味着我们要花时间去弄清楚我们要完成什么样的项目，但这样总比我们花费了人力、物力进行构建，结果要返工重来划算得多。

我们需要做哪些前期准备呢？

1. 定义问题

我们的项目是为了解决客户的什么问题呢？或者说为了解决客户的某个问题，

我们要完成一个什么样的项目？其中的关键在于客户的问题是什么。所以在项目初期，我们可以邀请客户写下自己的问题，这个问题只是单纯的问题，不涉及任何解决方案或者过程。在客户提出问题之后，我们就可以对需求进行分析、澄清了。

1　MCCONNELL S C.Code Complete[M].2nd ed.New York:Microsoft Press, 2004.

2. 澄清需求

在需求分析和澄清阶段，要注意的是不能出现"一千个观众有一千个哈姆雷特"的现象，如果对需求的理解不一致，或者在与用户／客户沟通的阶段没有确认好需求，那么到了构建过程中可能会有严重的失误，造成损失。

沟通中存在问题而导致失败的情况不胜枚举。早前，某国的一颗火星气候探测器在尝试进入火星轨道的过程中失联，造成巨大损失。事故调查结果显示，导致这次损失的"根本原因"在于测量系统的不一致，该国相关单位测量时采用了英制单位，而一家承包商却使用的是公制单位。这类问题本应该是在沟通过程中提前发现并规避的。这也警示我们，在澄清需求的过程中要更加细致，使需求清晰、明确。

3. 提高架构质量

在构建过程中最不想看到的事情是需求变更，同样，架构变更也是如此。在前期准备中，我们也要注意架构设计中容易出现的问题，努力提高架构质量。关于软件架构的内容，3.1.2 节会详细介绍。

4. 制订项目计划

项目计划能够确认项目目标实现的可行性，并使项目按照一定的节奏进行。项目计划的具体内容请参考 4.1.3 节。

3.1.2　确认设计：寻找软件架构之道

尽管我们可以做"建筑工程师"，但这和真正的建筑工程师还是有所区别的，其中最显著的差异是架构设计：建筑架构是趋于稳定的，而软件架构是不断变化的。

所以，什么是软件架构？ 2007 年，国际标准化组织这样定义软件架构："系统的基础组织，包括它的组件、组件间的关系、环境以及管控系统设计和演进的原则。"

但是软件架构定义并没有消除所有误解，还是有很多架构师照本宣科，做出一个个流水线似的架构设计。在软件架构的过程中要注意哪些问题或细节以便有效提高架构质量？

1.　软件架构需要注意什么

（1）包含有意义的决策

能够被称为软件架构的关键在于包含有意义的决策。格雷戈尔·霍培（Gregor Hohpe）在《架构师应该知道的 37 件事》[1] 中提到："同样的两个都具有门、窗户、屋顶的房子，其中一个房子的架构图能够被称为架构的原因，是这个架构师做出了有意义的决策，如屋顶设计得更加陡峭是因为能够减少积雪量，突出的房檐保护了窗户（见图 3-1）。这些设计切实解决了我们实际住进这个房子里面会遇到的一些问题，因此，只有包含有意义的决策的设计，才能打造出一套真正解决问题的方案，最后转变为可实际运行的软件。"

1　格雷戈尔·霍培 . 架构师应该知道的 37 件事［M］. 许顺强，译 . 北京：人民邮电出版社，2020.

图 3-1　架构师做出的有意义的决策示例

（2）符合使用目标

架构设计需要符合使用目标。也就是说，要根据实际应用场景的不同做出不同的架构设计。例如，在建筑设计中，有很多因为地区特点而做出的独特的建筑设计：有些地区的房子需要做防震处理、海边的房子要注重防潮、热带雨林的房子则需要底部悬空防止被淹……

软件架构也是如此，符合使用目标是架构设计中必须考虑的问题，如中间件架构要专注于中间件系统的构建，解决服务器负载、分布式数据库等问题；数据架构需专注于构建数据中台；运维架构应建立规范化的运维体系等。

（3）切勿过度设计

不知道大家有没有听说过奥卡姆剃刀定律？14 世纪哲学家奥卡姆（Ockham）提出，在解决问题的时候应"如无必要，勿增实体"。也就是说，在解决问题时，不应该引入过多额外的假设、变量或外来因素，使问题变得过于复杂。同样在做软件架构设计时，我们也不应该在架构中加入过多的设计或构思。

我想要一艘独木舟，交付过来的却是一艘豪华游轮。尽管这确实满足了我航行的要求，但是豪华游轮上面的很多功能我其实并不需要也用不到，那么这种架构设计就造成了浪费。这种复杂、臃肿的设计也极大地增加了成本和风险。

所以"够好即可"其实是架构设计的一条基本原则。只要设计既能满足当前用户和未来维护者的需求，又能让自己满意即可。

（4）实现低耦合

耦合是对一个软件内部不同模块之间关联程度的衡量标准。低耦合是指每个模块能够较为独立地完成某个特定子功能，对其他模块的依赖性较小。架构设计应在保持软件内在连接的前提下，降低系统的复杂度，尽量保持各个模块之间低耦合的状态。所以我们在做架构设计的时候，应提高模块的独立性。

举个例子：当我们在做某个电商平台的支付体系的时候，可以通过接口来实现平台支付功能与第三方应用（如支付宝、微信、银行系统等）的连接，这样即使平台的支付功能有所变化，也不会影响接口与第三方应用的交互，实现了功能模块之间的低耦合。

（5）做好隔离处理

在森林植被覆盖率高的地方，我们经常能够看到这些植被中穿插着一些小路，这些小路的一个重要作用是防火。如果某一片区域不慎引发火灾，这些小路就是植被或其他易燃物品的一个很好的隔断，能够阻止或减缓山火的蔓延。这种隔离模式在软件中也能发挥巨大作用。在隔离体系结构中，一个个模块就像装在无形的套子中，即便软件的某一模块发生故障，也不会影响其他模块的正常工作。

2. 我们应如何提高架构质量

（1）明确程序构造

首先，我们要对最终软件的构造有一个清晰的认知，如设定某一组协同的类共同实现交互功能、显示功能等。其次，我们应详细定义程序中主要的类，包括每个主要的类的交互方式与责任、如何组织成子系统等。

（2）提高性能

进行性能目标的定义以及优先级的排序，如系统对请求做出响应的时间（响应时间）、系统在单位时间处理请求的数量（吞吐量）、系统可以同时承载的正常使用系统功能的用户数量（并发用户数）等。架构设计能够提供性能预估数据来帮助我们更好地进行前期准备。

（3）保证安全性

架构设计的安全性是我们需要重点关注的问题，这包括但不限于用户认证的安全、权限及授权的安全、数据隐私的安全、信息传输的安全等。因为这些问题并不直接与系统和业务相关联，所以我们在做架构设计的时候往往容易忽视，但安全风险系数的上升无疑是系统的隐患，所以我们可以通过身份验证、日志记录、监控系统、隔离存储、访问控制等来保证架构设计的安全性。

安全问题不可小觑。

（4）提高可维护性

要提高系统架构的可维护性，就要在需求分析的阶段考虑到能够影响系统可维护性的部分，从而为将来可能进行修改的部分提前做好准备。

（5）提高可测试性

可测试性差会大大增加测试成本。那么我们该如何提高系统的可测试性呢？基本原则是需要测试工程师提前介入。我们需要在设计之前就考虑到后续测试的操作成本，思考某个功能是不是可以与其他的界面分离，或者是否需要淡化两个子系统之间的依赖关系等。

可测试性差会大大增加测试成本。

（6）遵循 ETC 原则

分时操作系统先驱费尔南多·科尔巴托（Fernando Corbató）曾说过："设计中的 bug 常常不易被发现；随着演化的进行，系统不断增加新的功能特性和用途，早期的设计假设渐渐被忘记，这时设计中的 bug 就会现身。"因此，架构设计要遵循 ETC 原则，也就是"Easier To Change"（易于变更）。架构师应该提前预测哪些地方可能会出现变化，从而做出足够灵活的架构来应对这些变化。

总之，软件架构是为了解决复杂性问题，帮助团队成员化繁为简，更好地实现软件交付。那么如何"化繁为简"？这就是我们要持续思考的问题。

3.2　编码中：编写优雅的代码

你是否曾被糟糕的代码困扰过？为何会出现这样的代码？是想快点儿完成还是赶时间？

代码拖后腿、对代码的修改都会影响其他代码。不断补救前面混乱的代码，导致团队生产力开始下降，趋向于零，加上团队管理层缺乏项目管理经验，只能不断往项目中增加人手，期望以此提升生产力。由于并不存在人月神话，新人和老人都只能背负着提升生产力的可怕压力，结果产生了更多的混乱。长此以往，团队陷入了"沼泽"般的恶性循环。

但无须焦虑，本节将介绍避免陷入这种沼泽的方法——养成良好的编码习惯。

3.2.1 代码整洁：整洁成就卓越代码

本章所有的理论和做法都是基于相信"混乱的代码是罪魁祸首，而保持代码整洁是唯一的解决之道"这一观点来分享的。

什么是代码整洁？ C++ 发明者斯特劳斯特鲁普指出："我喜欢优雅和高效的代码。代码逻辑应当直截了当，让缺陷难以隐藏；尽量减少依赖关系，使之便于维护；依据某种分层战略完善错误处理代码；性能调至最优，省得别人做没规矩的优化，搞出一堆混乱来。整洁的代码只做好一件事。"

斯特劳斯特鲁普的这段话包含整洁代码的标准和做法，强调"整洁的代码只做好一件事"。仔细想来确实如此，糟糕的代码想做太多事，意图混乱、目的不明；而整洁的代码力求集中，每个函数、每个类和每个模块都全神贯注于一件事，不受细节的干扰和影响。

可见，整洁的代码看起来优雅、美观，读起来令人愉悦。而代码运行效率也值得我们关注：多余的运算周期并不雅观，也不会让人愉悦。糟糕的代码可能引发"破窗效应"：一扇破损的窗户被放任破损，最终整个大厦都将倾颓。糟糕的代码还会引发更大的混乱——因为在修改烂代码时，往往会越改越烂。

这里提及的只是斯特劳斯特鲁普所认为的"代码整洁"，还有其他优秀程序员对"代码整洁"也有自己的诠释，可以不必仅参考一家之言，但总体来说异曲同工，达成共识即可。

清楚了定义，接下来，我们看一下如何实现代码整洁。

1. 代码尽量精简

"函数的首要规则是体积小。第二规则是使其尽可能地变小。"

——罗伯特·马丁（Robert Martin），《代码整洁之道》[1] 的作者

这里有两层含义。

 函数应尽量简短　　　②　**函数要控制或减少参数的个数**

简洁函数能增加代码的易读性。这也使我们倾向于编写功能单一、高效的函数。

我们衡量类的大小时，可以用"职责"代替"代码行"的概念：一个类应该只有一个职责，也就是一个类应该只做一件事。

保持代码简短可以采用"分划"策略，如果一个大文件包含大量冗长且复杂的代码，我们可以将该文件分为多个模块，将模块分为多个函数，再将函数分为多个子函数，直到很清晰地看出代码的处理逻辑和所做的事情。

2. 删除不必要的代码注释

恰当的注释是弥补我们无法用代码精准、简洁地表达意图的一个好帮手。但斯

1　罗伯特·马丁，代码整洁之道［M］. 韩磊，译 . 北京：人民邮电出版社，2020.

特劳斯特鲁普认为，注释是缺陷的产物，因为我们无法做到完全不用注释就能清晰、准确地表达代码意图，所以写注释是为了弥补这个缺陷。代码会变动、会重组，但由于各种原因，注释通常不会随之变动或更新，这就使原来的注释会因为代码的更改变得越来越不准确。所以，只在必要时使用注释。

这里所述的必要的注释包括包含法律信息（如版权与著作权声明）的注释、解释函数作用的注释、解释某一决定背后意图的注释、警告其他程序员会出现某种后果的注释等。

下面列举一些不必要的注释。

- 可用代码表达的注释。
- 喃喃自语型注释。
- 无意义的多余注释。
- 日志式注释。
- 能用函数名或变量表达意图时，仍使用的注释。

3. 别重复自己

DRY（Don't Repeat Yourself）是软件工程中广泛且被普遍接受的原则，它要求系统中的每一部分都必须单一、明确、权威地表达。其实就是可靠地开发软件，并让开发项目更易于理解和维护。DRY 原则中最基本的是不要重复代码。

编程过程中，我们所见到的大部分重复问题大致可以分为以下 4 类。

- 代码冗余。有的项目可能会使我们重复共有的定义和过程，或者有的编程语言自身要求某些重复信息的结构。

- 设计重复。来自代码设计中的错误，通常会让开发者意识不到他们在重复信息。

- 懒惰导致的重复。这种重复通常是由于开发者偷懒，认为重复会让功能的实现变得更容易。或者项目时间的限制会驱使一部分开发者复制、修改原来的代码，走捷径。

- 开发者之间的重复。一个典型的例子是：某国的一个州在对政府计算机系统进行千年虫问题检查时，审计发现有超过一万个程序都包含不同版本的社保号验证代码。

同一个团队中不同开发者的重复可能是最难检测并处理的。这些重复可能存在好多年，它们的存在还会导致各种维护问题。

要减少重复，我们可以采取以下做法。

- 停止重复不必要的代码。

- 当代码重复 3 次时，思考是否需要进一步抽象代码或工具类。

- 对历史遗留代码增加测试程序，梳理逻辑，增加说明文档并通知相关人员。

- 适时讲解项目，明确项目目前已有的功能和代码，减少因不了解项目而造成的重复。

阿道认为，没有人一开始就能写出优美散文一样的代码，写好一段代码需要时间，写一段好代码需要更长时间。把优秀的软件设计原则变成习惯，会节省很多开发时间，也利于维护和扩展软件项目。

3.2.2 代码可读性：Keep It Simple，Stupid

阿道先做一个假设：程序员绝大部分时间不是编写全新的代码，而是阅读、理解和修改代码。在这个基础上，如果代码可读性差，就会让大家在阅读和修改代码时浪费时间。

代码可读性的关键思想是代码需要让别人用最短的时间轻松理解。我们可以从审美、变量、命名等方面入手提高代码可读性。

1. 审美

虽然不可以貌取人，但确实有可以使人达成共识的美貌标准，如五官端正、三庭五眼，达到这些标准不管是外观感受还是内在气质，都一定是让人感到舒服的。代码也是同理，不见得多么优越，但至少让人"可读"——在代码整洁的基础上，再追求一点美观。

- 使用一致的布局。如通过换行来使代码看上去更一致，同时让注释对齐，尽可能地保持一致和紧凑。

- 在需要时使用列对齐。整齐的边和列让读者可以轻松地浏览代码，还能让代码中的错误更容易被发现。

- 把相关代码行分组，形成代码片段。通过浏览代码片段可以很容易地了解方法的整体逻辑，也更容易聚焦重点。

2. 变量

理论上来说，每增加一个新变量，代码复杂度就会升高，因此对变量的控制也是提高代码可读性的一部分。

- 减少没有价值的变量，减少中间结果。

- 减小每个变量的作用域，越小越好。避免滥用全局变量。

- 只写一次的变量更好。只设置一次值的变量（或者用 const、final 修饰的变量，或者常量）会让代码更容易理解。

3. 命名

为自己或团队建立一致的命名风格可以让代码整齐划一、便于阅读，这样不管是自己还是别人，阅读代码时都会更高效。

- 语义化命名。在声明变量时，尽量让自己的变量名称具有清晰的语义，准确传达意义，减少注释的使用。

- 各种类型命名。对于不同类型的变量值，可以采用统一的方式命名，让人一看就知道是什么类型。例如，boolean 类型的值可以 isXXX、hasXXX、canXXX 等形式命名；Array 类型的值可以 xxxList、xxxArray 等形式命名。

- 避免冗余命名。某些变量命名时，直接命名为相应属性的含义即可，因为该属性在对象中，无须额外的前缀来标识。

命名准确传达意义及遵循命名规范等将在 3.2.3 节详细说明。

以图 3-2 所示 PHP 代码为例，展示编码规范反例。

我们先使用空行对代码进行片段的组合：不对代码做任何修改，只使用空行或换行、缩进对代码进行片段组合（见图 3-3）。再看一下，可读性是不是提高了很多？

```php
<?php
function bubbleSort($array) {
    $length = count($array);

    for ($i = 0; $i < $length - 1; $i++) {for ($j = 0; $j < $length - $i - 1; $j++) {if ($array[$j] >
$array[$j + 1]) {
            $temp = $array[$j];$array[$j] = $array[$j + 1];$array[$j + 1] = $temp;
        } } }

    return $array;
}

$numbers = [5, 3, 8, 4, 2];$sortedNumbers = bubbleSort($numbers);

echo "排序前: ";print_r($numbers);

echo "排序后: ";print_r($sortedNumbers);
```

图 3-2　编码规范反例

```php
<?php
function bubbleSort($array) {
    $length = count($array);

    for ($i = 0; $i < $length - 1; $i++) {
        for ($j = 0; $j < $length - $i - 1; $j++) {
            if ($array[$j] > $array[$j + 1]) {
                $temp = $array[$j];
                $array[$j] = $array[$j + 1];
                $array[$j + 1] = $temp;
            }
        }
    }

    return $array;
}

$numbers = [5, 3, 8, 4, 2];
$sortedNumbers = bubbleSort($numbers);

echo "排序前: ";
print_r($numbers);

echo "排序后: ";
print_r($sortedNumbers);
```

图 3-3　使用空行或换行、缩进对代码进行片段组合

接下来，我们为每个代码片段添加注释（见图 3-4）。

接下来，对齐代码。例如，赋值符号纵向对齐（见图 3-5），代码层次是不是清楚了很多？

```php
<?php
// 定义冒泡排序函数
function bubbleSort($array) {
    $length = count($array);

    // 外层循环控制比较轮数
    for ($i = 0; $i < $length - 1; $i++) {
        // 内层循环控制每轮比较次数
        for ($j = 0; $j < $length - $i - 1; $j++) {
            // 如果前一个元素大于后一个元素，进行交换
            if ($array[$j] > $array[$j + 1]) {
                $temp = $array[$j];
                $array[$j] = $array[$j + 1];
                $array[$j + 1] = $temp;
            }
        }
    }

    return $array;
}

// 示例用法
$numbers = [5, 3, 8, 4, 2];
$sortedNumbers = bubbleSort($numbers);

echo "排序前: ";
print_r($numbers);

echo "排序后: ";
print_r($sortedNumbers);
```

图 3-4　为每个代码片段添加注释

```php
<?php
// 定义冒泡排序函数
function bubbleSort($array) {
    $length = count($array);

    // 外层循环控制比较轮数
    for ($i = 0; $i < $length - 1; $i++) {
        // 内层循环控制每轮比较次数
        for ($j = 0; $j < $length - $i - 1; $j++) {
            // 如果前一个元素大于后一个元素，进行交换
            if ($array[$j] > $array[$j + 1]) {
                $temp          = $array[$j];
                $array[$j]     = $array[$j + 1];
                $array[$j + 1] = $temp;
            }
        }
    }

    return $array;
}

// 示例用法
$numbers       = [5, 3, 8, 4, 2];
$sortedNumbers = bubbleSort($numbers);

echo "排序前: ";
print_r($numbers);

echo "排序后: ";
print_r($sortedNumbers);
```

图 3-5　赋值符号纵向对齐

我们其实没有对代码做任何改动，仅仅在版式上进行了调整，可读性就有了巨大的提升。

3.2.3　代码规范：格式、注释分清楚

其实这一节内容完全可以包含在前两节内容中，但阿道在工作中曾深受代码不规范的困扰，如看不懂别人的变量命名、找不到自己曾经的文件等，故将其作为单独一节呈现，以强调代码规范的重要性。

命名对软件开发很重要，当程序员看到文本命名时，会下意识地根据文本的意义和自身的经验来理解并解释，那么如果此时文本和内涵不一致，就会给别人带来阅读和理解上的困难。

系统设计的结果是"概念模型"。这个模型主要由概念和逻辑推理构成，如果概念定义不扎实，系统设计的"大厦"就不会坚固。而命名代表了概念的定义，所以是系统设计的基础层，重要性不言而喻。

命名规范包含目录、文件以及变量的命名规范。命名规范没有好坏之分，在项目中保持一致才是关键。

开发人员经常面临的问题如下。

- 命名未携带充足信息：如 a、b、c 这样的命名，只是一个代号，并未给阅读者提供任何有价值的信息，甚至自己回头看也会不知所谓。

- 命名携带错误信息：有一些含义相近的表达会被误用，如 update() 和 upgrade()。

像这种混乱或错误的命名不仅让代码难以理解，还会误导思维，导致对代码的理解完全错误。而良好的命名则会让代码易读、正确传达逻辑，从而增强代码的可维护性。

要解决上述命名问题，可以使用以下技巧。

1. 命名要有准确的意义

名字要能够准确、完整地表达出它代表的含义，即见字知义，名副其实。

例如，很少有人可以保证高考后很多年仍然清楚记得物理学中每个字母的含义，这是因为表示物理量的仅是一个字母，如果命名能够传达更多的信息，那么它将会更清晰、更准确、更容易记忆。

2. 遵循命名规范

编程语言的命名规范很多。

- 驼峰命名法：指大小写混用的格式。大驼峰命名法的所有单词的首字母大写，其余小写，如 FirstName；小驼峰命名法的第一个单词全部为小写字母，其他单词以大写字母开始，其余字母使用小写，如 firstName。

- 蛇形命名法：单词之间通过下画线 "_" 连接，如 "out_of_range"。

- 串式命名法：单词之间通过连字符 "-" 连接，如 "background-color"。

- 匈牙利命名法：这种是早期规范，较为烦琐，也已被发明它的微软公司抛弃，在此不做介绍。

不同的编程语言推荐使用的命名规范不同，如 Go 语言倾向于使用驼峰命名法，Python 倾向于使用蛇形命名法。但如果公司、团队定义了个性化的命名规范，则应严格遵守这些自定义的命名规范，这样有助于实施代码集体所有、结对编程等极限编程实践，而且有利于代码、知识、经验等在团队内的沉淀和传承。

3. 可读性优先

名字的可读性要优先考虑，一般需要注意以下 3 点。

- 尽量用全称，不要有缩写，除非是广泛使用的、自己也最常用的缩写。
- 可读性强的名字优先于简短的名字。
- 不要混合使用英文和汉语拼音（如 jixian-programming）。

最后，给大家分享阿道所在的禅道团队的代码规范经验。

首先，在制定编码规范的时候简化规则。规则越多，就越不容易记忆，越容易出现意外。我们的命名规范就只有一个驼峰。从数据库到程序到页面，所有的命名都遵循驼峰这样一个规则。阿道了解有的团队的命名规范比较多，如类名首字母会大写、数据库字段名会用下画线间隔，其实大可不必，简单一点的规则更容易遵循。

其次，我们会更关注起一个好的名字。从数据库名到表名，到字段名，到程序里面的类名、属性名、方法名、参数、返回值，到接口里面的入参、出参，再到页面里面的元素、样式，一定要多花

点儿心思想一个可以自我解释的名字。有的朋友可能会讲，还有注释呢。但与其写注释来解释这个名字是什么含义，不如花点儿时间让它自我解释。

此外，我们还非常强调代码片段的管理。对现在的编程语言来讲，最小的管理单位就是函数了。函数里面的实现都是由一行行的代码组成，这时候可以灵活地运用注释、空行、对齐等方式将代码行组织为代码片段。这样当阅读代码的时候，可以很容易搞清楚函数的宏观结构和逻辑，可以更容易定位问题。试想一个 50 行代码的函数，如果中间没有任何空行来间隔，阅读起来将是多么痛苦的一件事情。

我们还会通过定期的集体代码评审来统一大家的编码规范。每两周抽个时间把大家都聚到一起，统一看代码，检查代码审查规范的问题、命名的问题、逻辑的问题、版式的问题，以及实现方案的问题、效率的问题和安全的问题等。通过这种方式可以有效地保证规范在团队里面的贯彻执行。

3.3　编码后：代码重构要做好

3.3.1　重构的概念：何为重构，为何重构

对一名程序员，特别是从业两年及以上的程序员来说，每天的工作几乎都在"增、删、改、查"，如果找不到实质性的可改进方向，就很容易进入一个职业

迷茫期。

事实上，写代码、做软件开发，并不是单纯把需要的功能实现就万事大吉了。

首先，编码应该具备足够的可读性，程序员在编写代码的过程中需要注意的核心问题是如何提高代码的可读性，避免代码染上"坏味道"。

其次，软件开发需要提升代码的稳定性。很多时候，在编写代码的过程中，不仅要着眼软件的表层功能，还要想得更多、看得更远、站得更高。例如在开发一个表单功能时，如果能够完整输入数据、查询信息，我们就默认这项工作结

束了。但这会让我们忽略更重要的：我们编写的整套代码应该做好各种边界检查和参考完整性检查，提前做好各种异常输入的捕获操作，以保证在执行任何不合规操作的情况下，整个应用程序都不会崩溃或发生其他严重问题。

再次，需要提升程序本身的可维护性。当一个程序编写完成并部署上线后，在运行状态下是很难实时进行代码调试（debug）的。这就需要我们在完成代码功能编写的基础上，增加日志和关键的调试信息，以便在程序运行时实时调取。

最后，除了在日常工作中注意代码质量，我们还可以通过代码重构来对代码进行改进和质量提升。代码重构需要重新考量如何提升整个程序的可读性、稳定性，以及可复用性。例如，在原有程序代码中，有哪些公用的方法和函数可以提取出来，有哪些部分可以从代码中抽象出一个独立的、可复用的类，以此来提升代码的可复用性等。

总结来说，我们可以看马丁·福勒（Martin Fowler）对代码重构的定义：
在不改变软件外部行为的前提下，对其内部结构进行改变，使之更容易理解并便于修改。

代码重构在一定意义上是一种比较高效的代码整理手段，并且在程序员的可控制范围内。通过代码重构使得软件更容易被理解和修改，重构时只能改进程序结构，不能添加新的功能。代码重构可以减少代码量，提升代码的可读性、可扩展性，优化代码性能，从而使程序更加健壮、高效。此外，还有一些具有实质性的影响和帮助，阿道在这里和大家分享。

1. 改进软件的设计

程序员在修改代码的时候，如果没能真正理解软件的整体设计，就会让程序变得越来越杂乱无章，这样不仅会打乱原有程序结构，还会越来越难通过阅读源代码理解之前的软件设计。而代码重构可以通过整理代码来维持软件原先的形态。另外，通过代码重构来改进软件设计的一个好处就是可以消除程序中的重复代码，从而减少代码量。减少代码量虽然不能直接使系统的性能得到提升，但可以显著地提高程序代码的可读性和可维护性，减少软件维护的工作量。

2. 找到程序中存在的缺陷

当我们对代码进行重构的时候，需要深入理解代码的整体结构和行为。在我们搞清楚了程序的逻辑后，一些原先隐藏于程序中的缺陷自然而然地就显现出来了。

3. 提高编码的速度

良好的代码设计是研发效率的保证。缺乏良好设计的代码往往会给开发者带来"编码速度提高了"的感觉，但这种所谓的提速，很可能是以牺牲软件的可维护性为前提的。当我们需要对软件的功能进行修改和扩充时，将会花费更多的时间。所以通过重构来改善代码的设计，可以从根本上提高代码编写的速度、提升软件的质量。

不过，由于代码的表达能力是有限的，在没有进行合理注释的情况下，它只能说清楚自己此刻是什么样子，而无法说清楚此段代码如何得来，未来可以变成什么样、不能变成什么样。因此，在编写代码的时候，为了应对未来可能产生的需求，我们需要尽可能将满足当前需求的代码清晰、直白地表现出来，使未来接手这段代码的程序员理解这些代码到底实现了什么功能、没有实现什么功能，从而根据他们的需要进行修改。

有的代码在最初设计时就出现了问题，也有的代码是在不断维护的过程中出现了方向的偏离。无论是哪种情况，它们都会发出一些被称为"异味"的警告信号，标志着代码需要重构了。通过持续重构，优化代码的结构、增加代码的可读性，后续的开发人员可以更好地理解现有的代码。重构后，既能拥有更好的代码结构，又能实现程序整体运行效率的提升。因此，当代码出现以下问题时，就是它在提醒我们需要着手进行重构了！

- 代码重复：相同或者相似的代码存在于一个或多个地方。

- 长方法：非常长的方法、函数或过程。

- 过多的参数：参数过多，代码可读性和质量会变差。

- 高耦合的类：某个类过度使用其他类的方法或过度依赖其他类。

- 冗余类：几乎什么都不做的类。

- 人为复杂化：在简单设计已经满足需求的时候，强行使用极度复杂的设计模式。

- 超长或超短标识符：没有合理命名或命名无法反映出具体功能。

3.3.2　代码异味：精准识别坏代码

1. 代码竟会有"气味"

食物在腐烂之际会散发出异味，提醒人们食物已经坏掉了，需要处理。同样，如果代码中某处出现了问题，也会有一些症状，这些症状称为"代码异味"。

"代码异味"一词是由肯特·贝克（Kent Beck）在帮助马丁·福勒（Martin Fowler）编写《重构：改善既有代码的设计》一书时创造的。福勒对代码异味的定义是："代码异味是在计算机编程领域，设计所用结构违背了基本设计原则并对设计质量有负面影响的一种表象。"

代码异味是一种表象，它通常对应于系统中更深层次的问题。

我们可以将代码异味理解为由于设计缺陷或不良编码习惯而引入程序的代码症状，这类症状可能引发程序深层次的质量隐患。与食物腐败散发出的味道不同的是，代码异味是一种"暗示"，暗示我们代码可能有问题，而非确定性的。它的出现是提示程序员需要对项目设计进行深入查看。

代码异味并非真正的气味，这种异味并非源自一种有据可查的标准，更多是一种直觉。也就是说，程序员们可能不用思考，只要通过查看代码就可以立即对代码质量产生一种"感觉"，能对代码设计的优劣有一个大致的判断。这有点儿类似我们将英语学到一定程度后，即便不能完全看懂文章，但凭借"语感"也能选出正确答案。

2. 代码异味的影响

如果出现了代码异味，我们也无须过度紧张。因为在整个程序中，代码异味是随时都会出现的。即便代码出现了异味，也并不代表这段代码就有缺陷或无用了。一般情况下，有异味的代码也依旧可以运行，只是如果不加以重视，没有进行适当的维护或改进，代码质量可能会逐渐下降，变得难以维护、扩展，从而增加技术债务。所以有代码异味并不一定意味着软件不能工作，它仍然会正常输出，不过可能处理速度会减慢，且伴随着更高的失败和错误风险。而对高质量的代码来说，上述问题都是可以减少甚至避免的。

3. 如何给代码"除臭"

（1）重构

实际上，对于代码异味，我们还是需要通过主观的判断来决定某些代码是否需要重构。

重构，一言以蔽之，就是在不改变软件可观察行为的前提下，有条不紊地改善代码，它是实现敏捷开发的重要技术因素之一。大家也可以把重构理解为根据已识别出的异味，将代码提炼和精简的过程，能够提高代码质量，使其变得更健壮。重构后，可以运行单元测试，确保一切正常。如此循环，直到大部分异味消失。

（2）使用代码检测工具

识别和消除代码异味是一个烦琐的过程。我们几乎不可能手动查找和消除所有异味，尤其是在面对上千行可能存在异味的代码时。所以我们可以使用一些代码检测工具来辅助我们进行快速、大量的审查，帮助我们节约时间来做更为重要的工作，如让代码评审工作聚焦于高维度的设计原则问题。

3.3.3　重构基本策略：有计划、有组织

说到重构，我们应如何做到只是改变程序的结构，不对源程序造成破坏，也不改变源程序的行为呢？

1. 重构基本原则

想要保证重构的安全性，就需要我们在代码重构的过程中遵循以下 4 步。

1 重构前需要观察和记录
现有代码的外在行为。

2 重构后记录、比较
改动后的代码的外
在行为。

3 如果发现二者行为不一
致，则重新审视或撤销
更改，回到第①步。

4 如果行为一致，则
进行下一轮重构。

2. 重构小策略

遵循以上原则的前提下，阿道还有一些可以直接落地的小窍门分享给大家，以避免错误地使用重构。

- 在重构之前，保证代码具备管理功能。

- 保持较小的重构步伐。

- 同一时间只处理一项重构。

- 在重构时把要做的事情一条条列出来。

- 把在重构时所想到的任何有用信息记录到笔记中。

- 重构后要运行自动化测试。

- 如果所做的修改非常复杂，或者影响到了关键代码，需多次确认这些修改是否
  完善。

- 提前考虑重构的风险，并调整出更合理的重构方法。

- 所做的修改要提升而非降低程序的内在质量。

对于有一定风险的重构，谨慎才能避免出错，务必一次只处理一项重构。除了完成通常要做的编译检查和单元测试，还应该让其他人来检查自己的重构工作，或是针对重构采用结对编程。

3. 避免重构误区

重构是一剂良药，但不是包治百病的灵丹妙药。不要把重构当作先写后改的代名词。重构最大的问题在于被滥用。当代码混乱到几乎无法阅读时，也没有办法在短时间内进行重构，这时与重构代码相比，重写代码或许是一个更经济、有效的方式。

> **要注意的是，不要为了重构而重构。**

为了避免后期进行大量代码重构，我们在设计软件时应该合理地运用设计模式去设计软件的架构，遵循软件设计的基本原则。重构和设计是彼此互补的关系，我们要重视软件设计的环节，重构只是减小了设计过程的压力，切不可本末倒置。

所以，代码重构虽然是提升代码质量的重要手段，但它也不是万能的，很多时候也许并不可行。当我们无法保证通过重构提高系统的安全性，也很难通过重构来大幅提升系统的性能时，相应情境并不是代码重构的好时机。当我们需要斟酌怎样重构才高效时，可以参考以下 7 条建议。

1 在增加子程序时进行重构

2 在添加类的同时进行重构

3 在修补缺陷时进行重构

4 关注易出错的模块

5 关注高度复杂的模块

6 在维护开发环境时，顺手改善手头正在处理的代码

7 明确整洁代码和亟须改善的代码的边界，尝试让代码越过这条边界，向整洁代码不断靠近

好啦，说一千道一万，阿道还是用一句话总结：尽管代码重构有着诸多好处，但一段代码、一个程序重构的最佳时期就是程序开发阶段。在写代码的过程中，我们要时刻提醒自己对写出的代码加以思考、二度审视，确保代码具有可读性、稳定性、可维护性和可复用性，希望读者将这个习惯写入自己的职业DNA 中！

第 4 章　程序员学项目管理

如果说"乌卡"代表着客观的时代的变化，那么 various、universal、changing、advancing 则意味着主观的值得坚守的不变。IT 行业瞬息万变，短短几十年间，CMMI、瀑布、敏捷、开源、DevOps 等诸多概念层出不穷，各种新语言、新框架、新技术也促使着程序员们去探索软件开发的新实践。在系统学习项目管理的基础上，了解诸多开发方法，能够让我们的软件工程实践事半功倍。

4.1 项目管理成功秘诀

欢迎来到项目管理宣讲会，本次宣讲会由阿道主持。阿道其实有很多项目管理方面的经验想和大家分享，话不多说，和阿道一起来看看吧。

4.1.1 管理项目干系人：项目重要因素之一

促进项目成功，非常重要的一个因素是什么？项目管理到底管什么？对于这些问题，其实阿道听到过很多答案，如项目管理是管人的，项目管理是管各类活动过程的……既然这个问题没有一个统一的答案，那我们不妨倒推一下。

- 如何界定项目成功？

- 谁来促进项目成功？

- 我们的项目需要让谁满意？

- 我们的项目需要满足谁的需求？

- 项目的阶段性成果需要交付给谁？

这几个问题抛出来，其实这个重要因素的答案也就很明晰了——与项目利益切身相关的人，这就是我们的项目干系人。

什么是项目干系人？明确来讲，项目干系人是指参与项目、影响项目或受项目影响的人（见图 4-1），包括但不限于项目组成员、领导、客户、供应商等。

图 4-1　项目干系人

既然项目干系人是促进项目成功非常重要的因素，那么我们需要怎么"管理"
项目干系人呢？

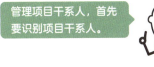

表 4-1 列出了项目干系人。

表 4-1　项目干系人

公司内部		公司外部	
项目组成员		客户	
项目组领导		客户领导	
协作部门同事		用户	
财务行政		供应商	
其他相关人员		其他相关人员	

识别项目干系人的过程是一直持续的，如果项目交付过程中项目干系人有所变
动，则需要团队快速做出反应，更新项目干系人列表。

管理项目干系人，还要
分析项目干系人。

识别出了项目干系人，接下来还要对项目干系人做出分析。项目干系人对项目
的关注度和重视度不同，也会呈现不同的态度和表现，一般可以从两个维度来
进行划分。

维度一：态度。

不管是内部干系人还是外部干系人，他们的态度对项目交付来说是不可忽
视的。例如，领导反对这个项目以某种方式进行，那我们就需要打消领导
的顾虑。如果项目干系人对项目持积极态度，项目的推进就会更加容易。

我们可以简单地将项目干系人的态度进行以下划分。

维度二：影响力。

除了态度，影响力也是一个很重要的因素。也许我们会想，不考虑"反对者"
的想法不就好了吗？但通常反对者的影响力在项目组中是巨大的，我们可以通
过改变这部分项目干系人的态度，更高效地推进项目。

关于如何分析项目干系人，请参考图 4-2 所示的"态度－影响力"象限图。

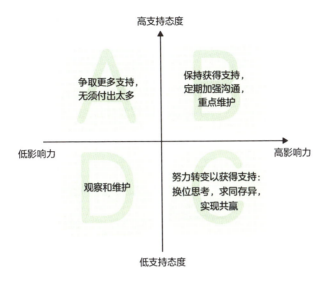

图 4-2　"态度 - 影响力"象限图

我们可以根据对项目的态度以及影响力对项目干系人进行分类。

处于 A 象限的项目干系人，我们可以保持稳定、直接的沟通，争取更多支持。

处于 B 象限的项目干系人，我们需要重点关注他们的需求，稳步提高他们的满意度。

处于 C 象限的项目干系人，我们需要分析影响他们态度的根源，不断完善项目和团队来取得他们的支持。

处于 D 象限的项目干系人，我们可以观察和维护，注意他们行为和态度的变化。

管理项目干系人，更应对项目干系人做出规划。

我们已经完成了项目干系人的分类，接下来就需要明确我们如何促进项目干系人行为的转化。对此阿道推荐一个小工具：影响地图。

影响地图是软件交付顾问戈伊科·阿齐茨（Gojko Adzic）提出的，它不仅可以帮助我们识别项目干系人所带来的影响，还能帮助我们明确针对不同项目干系人的不同做法（见图 4-3）。

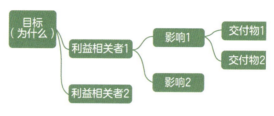

图 4-3　影响地图

影响地图分为 4 个层级。

- 第一层级是目标，即我们想要达成的业务目标。

- 第二层级是利益相关者，表示有哪些项目干系人，以及谁能够帮助 / 阻碍目标达成。

- 第三层级是影响，项目干系人的哪些行为有助于业务目标的达成。

- 第四层级是交付物，我们需要通过交付什么内容来推动影响的实现，即我们需要做什么来促使项目干系人推进项目成功。

示例如下。

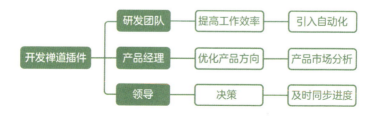

- 第一层级：阿道的目标是开发禅道插件。

- 第二层级：这个项目的干系人包括研发团队、产品经理、领导。

- 第三层级：对研发团队来说，提高工作效率能够加快研发进度；对产品经理来说，通过优化产品方向能澄清产品需求；对领导来说，决策是影响项目进度和交付过程的重要因素。

- 第四层级：在第三层级的基础上，我们可以采取的措施就是在研发团队内引入自动化，辅助产品经理进行产品市场分析，及时与领导同步进度来完成插件的开发。

总之，通过影响地图，我们可以清晰地识别项目干系人的影响，以及我们可以做哪些事情来转变或推动项目干系人在项目交付过程中的行为，有利于总体业务目标的实现。

项目干系人的管理是一门学问，但总结来说就是以下 3 步：

- 对项目干系人进行调研、分析；

- 了解他们的需求、意愿和想法；

- 针对不同的项目干系人、不同的需求提出相应的解决措施。

项目干系人的管理是一个持续进行的过程，也是项目管理中不可忽视的部分。通过学习项目干系人的管理，希望大家在实践中都能够做到"兵来将挡，水来土掩"！

4.1.2　提前应对项目风险：宜未雨绸缪

项目存在风险，管理需要谨慎！在当前这个多变、不可预测、错综复杂和界定模糊的环境中，需求的不断变化也增加了项目的风险。因此，提前规划并应对项目风险是关键。

阿道所说的项目风险，其实是指预计的项目风险，而非已经出现的项目损失。为了避免项目过程中出现更大的问题，在项目启动之前，我们要尽可能"穷举"项目中可能出现的问题，提前规避风险。

具体如何应对风险呢？可以从以下几个维度出发。

1. 依据经验

通过历史项目的经验教训来预测项目风险，并加以管理。

在这一部分，能够识别项目风险的就不局限于某一个或某几个人了，而是所有项目干系人。因为每个人的经验不同、角度不同、认识不同，所有人都进行风险预测，能够对项目有一个全面而广泛的理解与参与，准确识别项目风险、提出应对措施。同时，还需注意的是，短期的项目风险需谨慎处理，但这并不意味着我们的项目风险识别就止步于此，长期的项目风险也要多加注意!

2. 依据理性

仅凭经验预测项目风险可能会有所疏漏，表 4-2 展示了软件项目预测风险，可以根据表格进行细化。

表 4-2　软件项目预测风险

序号	事件分类	风险因素	因素存在	可能的风险	标识	备注
1	需求相关	需求描述不清晰	是	质量风险	高	
2				进度风险	低	
3				目标无法达成风险	不考虑	
4		需求描述不确定	否	质量风险		
5				进度风险		
6				费用风险		
7		需求目标不明确	是	质量风险	高	
8				进度风险	低	
9		需求变更	否	质量风险		
10				进度风险		
11				费用风险		
12		需求理解偏差	否	质量风险		
13				进度风险		
14				目标无法达成风险		
15	架构设计	架构不满足建设需要	否	技术风险		
16				进度风险		
17				质量风险		
18				人员能力风险		
19		设计缺陷	否	技术风险		
20				进度风险		
21				质量风险		
22		缺乏扩展性	否	技术风险		
23				进度风险		
24		基础软件版本变更	否	技术风险		
25				进度风险		

序号	事件分类	风险因素	因素存在	可能的风险	标识	备注
26	进度计划	进度延期	否	进度风险		
27		计划调整	否	进度风险		
28				质量风险		
29	人员相关	能力不足	否	技术风险		
30				质量风险		
31				进度风险		
32				目标无法达成风险		
33		人员流动	否	进度风险		
34				质量风险		
35		人员不足	否	质量风险		
36				进度风险		
37	产品质量	质量达不到要求	否	质量风险		
38				目标无法达成风险		
39		功能不满足需求	否	质量风险		
40				目标无法达成风险		
41		测试无法收敛	否	进度风险		
42				质量风险		
43	其他	预算不足	否	费用风险		
44				目标无法达成风险		
45	外部	政策、制度变化	否	进度风险		
46				质量风险		
47				费用风险		
48		市场变化	否	质量风险		

3. 依据解决预案

在拥抱变化的同时，风险管理也不容忽视。前面我们已经通过经验和理性分析预测出了项目风险，接下来要做的就是提前准备能够应对这些风险的解决预案。

例如针对人员流动风险，我们可以做的是：

- 培养团队形成共识的文化，营造一个持续学习、自由、积极的团队氛围；

- 通过绩效奖励或其他奖励机制，提高大家在团队内的成就感与荣誉感。

针对需求变更，我们可以做的是：

- 划分需求优先级，做好版本规划，优先满足能够解决用户痛点的需求；

- 通过迭代的方式来实现 MVP（Minimum Viable Product，最小可行产品），通过快速验证、快速反馈实现产品的不断更迭。

将风险前置，我们才能做好充分的准备来应对充满不确定性的未来。

4. 长期坚持

阿道小提示：我们在项目启动阶段预测的风险并不是一成不变的，随着项目的进行、时间的推移，项目风险是有可能出现变动的。所以我们还需要定期对项目进行审视，快速做出应对措施。

4.1.3　项目计划关键路径：让计划赶得上变化

说到做项目管理，必不可少的就是要做项目计划，"凡事预则立，不预则废"，说的正是计划的重要性。不管是给领导同步项目信息还是给团队成员同步接下来的工作，都需要这样一份项目计划。那么做项目计划有哪些需要注意的地方呢？

1. 项目计划要立足于项目目标

从本质上来讲，项目计划的目的是确保项目顺利交付，因此项目计划要立足于目标，围绕目标具体展开。通过项目计划，我们可以清晰地了解在哪一阶段需要实现项目的哪些成果。

2. 项目计划不需要过于详细

计划赶不上变化，当然，这不是泄气的"毒鸡汤"。在正视了我们现在所处的需求不断变化的市场环境后，坦然地接受并拥抱变化自然是我们现阶段需要做的事情。

有了这个前提，我们的项目计划也要应对这些不可知的变化。因此在项目的前期，项目计划不需要一步到位，也不需要太详细。

我们可以将项目计划分为里程碑计划、实施计划以及执行计划，具体内容如表 4-3 所示。

表 4-3 项目计划

项目计划名称	制订时间	制订内容	颗粒度	目的	示例
里程碑计划	项目准备和启动阶段	制订项目生命周期各个阶段节点的具体时间和交付物,给出指导性规划	以月为单位,颗粒度大	呈现项目从开始到结束的完整路线图,与项目干系人同步	2023 年 1 月,完成项目申报及项目启动
实施计划	项目启动阶段	在里程碑计划的基础上制订更为详细的项目计划	以周 / 迭代为单位,颗粒度较大	通过实施计划确保项目进度按照预期实施	进度计划,风险管理计划等
执行计划	项目执行阶段	制订具体的任务计划,如每天谁需要执行什么任务,做出周密的规划	以天为单位,颗粒度较小	规划项目执行的具体时间安排	2023 年 2 月 1 日,设计完成用户登录界面

3. 项目计划全员参与

制订项目计划并不是某个人的职责,而是需要团队成员来共同参与完成。在这里,项目经理可以通过列出项目计划框架,团队成员按照以往经验以及专业水平来填充完成整个项目计划的制订。这种全员参与的项目计划的制订,能够让项目计划与成员自身能力水平相匹配,估算更加准确。同时这种全员参与的项目计划提高了成员的参与感,能统一项目团队共同努力和奋斗的目标,促使整个团队前进方向保持一致。

4. 项目计划是动态的

项目计划不是一成不变的。我们每完成一个项目节点,都需要进行回顾与展望,并根据项目目前的状况和进度来及时调整项目计划。

5. 项目计划要创造缓冲期

在实际的项目进度中,我们不难发现,事实与计划是有出入的。如果我们在做项目计划的时候没有考虑到影响实际项目进展的因素，那面临的结果就有可能是项目的延期。导致实际项目没有按照计划走的因素有很多，如研发过程中遇到了一个迟迟得不到解决的技术难题、员工请病假、其他项目出了严重的事故需要借调人手等。这些意外情况我们在开始做风险预测的时候可能没有考虑到，但一旦出现就会对项目的进度产生直接的负面影响。

基于此，我们可以为项目计划创造缓冲期，有以下两个原则。

前紧后松

以一个自然年为单位，我们会发现，大多数公司在前半年工作会稍微轻松一点儿，到了年末工作被安排得满满当当。这个情况在项目中也经常出现，所以我们可以在做项目计划时，将任务尽可能往前挪。

缓冲原则

设置项目的缓冲期可以根据实际项目团队成员、工期来决定，一般可以依据往期项目的延期经验来设定。如果没有一个参考值，可以按照整个项目周期的5%~10%的区间来设定，具体还是要根据项目的实际情况决定。举个例子，一个项目的总工期是20个工作日，那么缓冲期可以设置为1天，这样我们可以在项目计划的层面对齐进度。

4.1.4　质量管理需建设：第一要义是质量

在前面的内容中，我们和项目干系人"搞好了关系"，完成了风险预测，制订好了项目计划，但如果在项目的质量问题上出了岔子可就是致命打击了。

项目质量管理就是通过管理影响项目质量的各类因素来提升项目的总体质量。以软件研发类项目为例，影响项目质量管理的因素包括技术架构、开发模式、工具等。阿道在这里想要重点强调的是技术债务对项目质量的影响，以及团队应如何解决这些技术债务。

1. 概念澄清

1992 年，沃德·坎宁安（Ward Cuningham）首次将技术复杂性比作债务，从而引入了技术债务这一概念。技术债务是编程及软件工程中借鉴了财务债务的系统隐喻，指开发人员为了加速软件开发在应该采用最佳方案时进行了妥协，改用了短期内能加速软件开发的方案，从而在未来给自己带来了额外的开发负担。

2. 表现症状与影响

技术债务的本质是产品的结构阻碍了产品进步，表现出来的症状有：

- 产品难以轻易重构，以满足市场的新需求；

- 组件之间的依赖性过强，导致体系结构脆弱；

- 产品中存在太多缺陷，反映出结构设计上的不足；

- 产品结构复杂，难以理解和修改。

技术债务就像一个垃圾堆，长时间不处理，周围就会产生更多的垃圾，因此产生的"破窗效应"会对未来的项目环境造成很大的影响，大家也会逐渐丧失维护环境的信心。所以，技术债务对团队追求质量的信心、对大家维护代码环境整洁的积极性都会产生很大的负面影响。

3. 如何"还债"?

(1)债务可视化

尽可能公开技术债务,一开始就与团队、利益相关方一起权衡利弊,并明确告知影响与解决方案,让技术债务在业务层面、技术层面可见。

(2)对症下药

技术债务可以分为偶然技术债、已知技术债和目标技术债。偿还技术债务时应遵循以下原则:

- 已知技术债必须还;

- 发现偶然技术债立即还;

- 每个迭代确定一定数量的已知技术债作为目标技术债,在当前迭代中偿还;

- 无须偿还技术债务的是行将就木的产品、一次性原型和短命产品。

(3)避免"欠债"

与其团队在后期拼命还债填坑,不如从一开始就尽量避免欠下技术债务。

(4)避免使用过时的技术

遗留应用程序、过时的技术以及不同的平台和流程可能会使组织陷入沉重的技术债务，迫使其推迟基本的现代化计划。旧资产和老方法也往往充斥着安全漏洞，难以集成和自动化，并且很可能不再更新。

（5）参考敏捷实践

敏捷开发提倡快速且以迭代的方式创建和发布新产品，这可以帮助组织避免技术债务。随着新版本的交付，各种问题都会得到解决。

（6）遵循编码规范

是否遵循编码规范也是影响技术债务的一个方面。编码规范在研发项目团队中有着重要作用，团队统一编码规范有助于提升代码可读性以及工作效率。统一的编码规范是代码集体所有权的基础，会让结对编程更容易实行，对团队来说更易内部轮岗、获得晋升。编码规范和代码质量检查工具有助于发现代码质量方面的技术债务。

不管是前面提及的项目干系人、风险、计划还是刚刚讲到的质量，都是促进项目成功的重要因素。此外，促进项目成功的因素还有很多，包括成本、时间等。我们作为项目管理者，需要重点关注影响项目进度的这些关键要素，及时做好资源调配、进度跟进、成本控制等，以更好地推进项目整体进度。

不管怎样，"纸上得来终觉浅"，项目管理还是需要大家深入实践中不断地试验、打破、重组，找到最适合自己团队的项目管理方式！

4.2 敏捷开发

讲到项目管理方式，就不得不提及敏捷开发了。在项目管理中，为了能更快、更好地向用户交付可用的产品，阿道觉得敏捷开发是一个非常有价值的方式。在敏捷价值观和原则的指导下，有很多敏捷实践可供使用。接下来，阿道会向大家依次介绍。

4.2.1 Scrum：迭代式增量软件开发

Scrum 是一个轻量级的框架，它帮助个人、团队和组织，通过对复杂问题提供适应性解决方案来产生价值。

Scrum 核心可以简述为 3355（见图 4-4）。

图 4-4　Scrum 核心

4.2.2 极限编程：软件开发工程实践

极限编程是基于简单、沟通、反馈、勇气和尊重 5 类价值观构建的软件开发行为准则。它的工作方式是将整个团队聚集在一起，通过践行一系列简单的实践和足够的反馈，使团队能够感知目前的状态，并根据自身独特的情况对实践进行调整。

极限编程核心实践如图 4-5 所示。

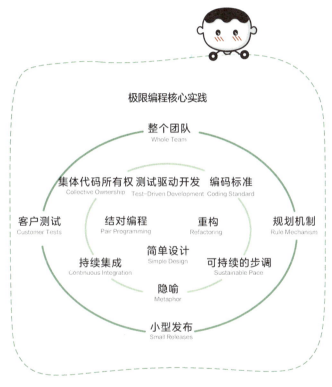

图 4-5　极限编程核心实践

1. 核心实践：整个团队

在极限编程中，项目的每个贡献者都是"整个团队"的组成部分。团队围绕着一个叫作"客户"的业务代表，客户和团队坐在一起，每天和他们一起工作。

2. 核心实践：规划机制，小型发布，客户测试

极限编程团队采用一种简明扼要的计划和追踪机制，以明确下一步的行动，并预估项目的完成时间。该团队专注于快速实现业务价值，通过一系列小型、高度集成的软件发布来开发软件系统，并确保每次软件发布都能通过客户定义的所有测试。

规划机制　　　　　小型发布　　　　　客户测试

3. 核心实践：简单设计，结对编程，测试驱动开发，重构

极限编程实践者结对或组成小组工作，采用简单的设计和经过严格测试的代码，不断地重构，使其始终符合当前的需要。

4. 核心实践：持续集成，集体代码所有权，编码标准

极限编程团队采用结对编程的方式紧密合作，共同编写代码。他们遵循统一的编码标准，以确保每个人都能理解代码并能对代码进行必要的改进，从而保证系统始终处于可运行和可集成的状态。

5.　核心实践：隐喻、可持续的步调

极限编程团队共同拥有一个简单而共识的整体视图，对系统的形态有清晰的认识。每个团队成员都以可持续的、无限期的步调工作，确保项目的持续进行。

4.2.3　看板：可视化管理

什么是看板？简单来说，看板是一种可视化管理工作的方法（也称知识工作）。通过看板，工作流程和任务状态可以清晰地展现在团队成员面前，以便团队成员更好地管理和跟踪工作进度。

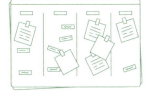

应用看板方法意味着应用一种综合的思维方式来思考我们的服务，着重于从客户的角度出发，不断改善服务的质量和价值。

通过看板方法，我们能够将无形的知识工作及其在工作流程中的流动可视化。这种可视化有助于有效地经营我们的业务，包括更好地理解和管理向客户提供服务的风险。

本节介绍看板的 6 项核心实践。

1.　可视化

合理的可视化是有效合作和识别改进机会的关键。在许多情况下，组织中的工作是不可见的。将这些工作和流程可视化，可以极大地提高透明度。从进化的角度来看，人类的视觉感知是非常古老的，它使我们能够在短时间内吸收

和处理大量的信息。此外，可视化通过信息共享使所有人看到相同的画面，对

团队合作来说更加友好。

2. 限制在制品

在制品（Work in Progress，WIP）指的是在某一时刻正在进行的工作项目的数量。通过应用看板我们发现，有效的系统更注重工作的流动，而不是员工的利用率。当资源被充分利用时，系统中就不会有任何松弛的部分，结果就是工作的流动会受到影响，就像公路上的拥堵。

在知识工作中，我们也会面临上下文切换的问题，这可能会大大降低员工的效率。在看板中，我们限制 WIP 的数量，可以平衡员工的利用率，并确保工作的流动。

3. 管理流动

管理工作流动的目标是尽可能顺利、可预测地完成工作，同时保持一个可持续的速度。如前文所述，限制 WIP 是确保流程顺畅和可预测的关键方法之一。对工作流动的监控或测量会产生重要的信息，这些信息对于管理客户的期望值、预测和改进都非常有用。

4. 明确决策

我们每天都会面临无数关于工作安排的决策，无论是个人独立决策还是群体的共同决策。

所以工作安排的决策应该由所有相关方共同商定，包括客户、利益相关者和负责看板上工作的员工。这些决策应该被放置在一个清晰可见的地方，最好是在

看板旁边。这样，所有参与者都可以随时查看并了解
这些决策。透明度和可见性对于确保共享理解和一致
性非常重要。此外，定期检视和调整这些决策也是必
要的。随着时间的推移和经验的积累，我们可能会发
现一些需要修改或改进的方面。通过定期回顾，我们

可以及时发现问题并进行必要的调整，以确保决策的持续有效性和适应性。

这些明确的决策是为了使运行看板系统的人员能够自己组织起来。

5. 实施反馈环路

反馈环路是协调交付和改善服务交付的必要条件。一套适用于特定环境的反馈
环路可以加强组织的学习能力，并通过管理和检验来实现组织的发展。

在看板系统中，一些常用的反馈环路手段包括看板、衡量指标以及一套定期的
会议和评审（这被称为"节奏"）。

6. 协同改进，通过试验进行演进

在看板方法中，我们主张从现有的工作方式开始，认同通过渐进的变革来追求
改进，激发各级领导力。

看板方法是一种持续改进的方法，它鼓励使
用基于模型和科学方法的设计试验来推动变
革。看板和衡量指标起着至关重要的作用，
通过结合看板和衡量指标，我们可以更好地
指导变革和演进的道路，并基于实证数据做
出决策。

4.2.4 规模化敏捷：大型敏捷实施

1．SAFe

SAFe 是一个经过验证的集成原则、实践和能力的知识库，用于使用精益、敏捷和 DevOps 实现业务敏捷性。

SAFe 围绕精益企业的 7 项核心能力（见图 4-6）构建，这些能力对于在日益数字化的时代实现和保持竞争优势至关重要。

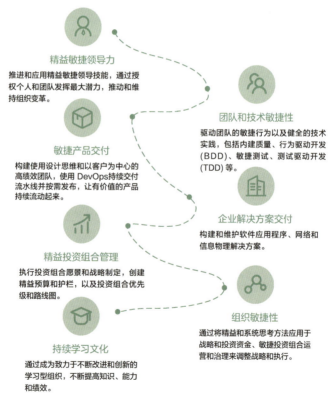

精益敏捷领导力
推进和应用精益敏捷领导技能，通过授权个人和团队发挥最大潜力，推动和维持组织变革。

团队和技术敏捷性
驱动团队的敏捷行为以及健全的技术实践，包括内建质量、行为驱动开发（BDD）、敏捷测试、测试驱动开发（TDD）等。

敏捷产品交付
构建使用设计思维和以客户为中心的高绩效团队，使用 DevOps 持续交付流水线并按需发布，让有价值的产品持续流动起来。

企业解决方案交付
构建和维护软件应用程序、网络和信息物理解决方案。

精益投资组合管理
执行投资组合愿景和战略制定，创建精益预算和护栏，以及投资组合优先级和路线图。

组织敏捷性
通过将精益和系统思考方法应用于战略和投资资金、敏捷投资组合运营和治理来调整战略和执行。

持续学习文化
通过成为致力于不断改进和创新的学习型组织，不断提高知识、能力和绩效。

图 4-6　精益企业的 7 项核心能力

掌握这 7 项核心能力能够使企业获得成功应对动荡的市场条件、不断变化的客户需求和新兴技术所需的敏捷性。

2. LeSS

LeSS（Large-Scale Scrum）是一种大规模的 Scrum 方法论。它并不是对 Scrum 的新定义或改进，也不是通过在底层添加额外层级来处理多个 Scrum 团队的方法。

LeSS 的核心理念是在大规模环境下以简单的方式应用 Scrum 的原则、目的、元素和优雅性。它强调保持 Scrum 的本质和简洁性，同时提供适应大规模需求的指导和实践。

与 Scrum 和其他真正的敏捷框架一样，LeSS 是一种"恰好够用的方法论"，即它提供了必要的指导和结构，但也鼓励团队根据自身情况进行适应和调整。LeSS 不是一种僵化的框架，而是一种敏捷方法，鼓励团队在实践中学习和不断改进。

LeSS 的目标是在大规模环境中实现敏捷的价值交付，并促进协作、透明度和自组织。它提供了一些实践和原则，以帮助团队和组织处理规模化带来的挑战，并在保持 Scrum 简单性的同时实现良好的协同工作。

总而言之，LeSS 是一种关于如何在大规模环境下简化应用 Scrum 的方法论，它强调保持敏捷原则和简洁性，并鼓励团队根据实际情况进行调整和改进。

LeSS不是一个恰好只在团队层面应用的Scrum特殊框架。

真正的规模化Scrum是经过规模化扩展的Scrum。

3. Nexus

Nexus 是一个由 3 ~ 9 个 Scrum 团队组成的大组，旨在合作交付同一个产品。
在 Nexus 框架中：

- 所有团队共享同一个产品待办事项列表，并由一位产品负责人进行管理；

- 框架明确定义了团队的责任、事件和工件，有效连接不同 Scrum 团队的工作；

- Nexus 在 Scrum 的基础上建立并扩展，满足大规模团队协作需求；

- 通过共享产品待办事项、定义责任与事件等，Nexus 帮助团队在大规模环境中
  协同工作，实现共同目标。

4. Scrum@Scale

Scrum@Scale 是一种框架，旨在帮助组织有效
地整合多个团队，让组织能够专注于高优先级的
目标。它通过构建一个最小可行官僚（Minimum
Viable Bureaucracy，MVB）架构来实现这一目
标，该架构能够自然地将单个 Scrum 团队的工作
方式扩展到整个团队网络。

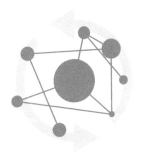

团队网络一旦实现线性可扩展性，那么即便在增加资源或负载的情况下依旧
能保持相对稳定的性能和效率。如果以此为目标设计、协调团队网络，团队
网络的规模可以实现自由扩大。线性可扩展性允许团队网络根据其独特需求，
以可持续的变革速度有机地发展，这使得参与的每个人都能够更好地适应团
队网络。

4.3　CMMI

CMMI（Capability Maturity Model Integration，能力成熟度模型集成）是一种被广泛认可的软件能力成熟度模型，由美国卡内基梅隆大学软件工程研究所组织世界范围内的软件领域专家历时 4 年开发，并在全世界推广实施。CMMI主要用于指导软件开发过程的改进，评估软件开发能力。

CMMI 实际上是一种管理流程的标准化，其主要目标是创建"产品超前、服务高效、部门高产的可靠环境"。具体来说，CMMI的目标包括提供高质量的服务或产品，提高客户满意度，增加利益相关者价值，实现全行业的认可，建立更大的市场份额。

卡内基梅隆大学软件工程研究所指出，CMMI 的目的是帮助"整合传统的相对独立功能、设定过程改进目标和优先级，从而为质量过程提供指导，并为当前过程提供参考"。

4.3.1　CMMI 价值：过程带来结果

阿道认为，CMMI 对软件研发的价值总结来说就是一句话：过程的规范带来结果的优化。具体表现如下。

- 对项目开发过程进行规范，保证软件开发的质量与进度。同时，规范化的流程也有助于提高软件开发者的职业素养，养成好的开发习惯，将员工做事方法变得标准化、规范化。

- 降低产品开发成本，提高项目控制能力。流程规范后，产品质量随之提高，产品缺陷率也大大降低，客户满意度提升，后期修补和维护的成本自然就大大降低。

- 提升企业的竞争力。CMMI 是世界范围内认可的软件能力评估标准，越来越多的大型企业要求其工程承包商具有一定的 CMMI 级别。级别高的承包商在项目的竞标中具有一定的优势。

4.3.2　CMMI 级别：无序、规范到创新

CMMI 成熟度级别提供了强大的标杆评级方法，能将被评估公司的能力与竞争对手、业界和自己的历史进行对比。CMMI 共有 5 个成熟度级别（见图 4-7），代表软件团队能力成熟度的 5 个等级，数字越大，成熟度越高，高成熟度等级表示有比较强的软件综合开发能力。5 个成熟度级别提供了一条清晰的改进路径，任何想提高自己能力的公司，都可以通过识别改进点、解决这些改进点的问题，并通过将解决方案融入整个组织的方式来达到更高的成熟度级别。

图 4-7　CMMI 级别

4.4　DevOps

4.4.1　DevOps 概念：沟通、协作与整合

DevOps 是一个合成词，源于"Development"（开发）和"Operations"（运维）两个词，它涉及以特定的方式实践应用程序开发的任务，是软件开发、测试和运维结合的过程、方法及系统，可以简单理解为"开发运维一体化"（见图 4-8）。

图 4-8　DevOps

DevOps 的生命周期包括持续开发、持续集成、持续测试、持续反馈、持续监控、持续部署和持续运维 7 个阶段，如图 4-9 所示，始终以持续交付为核心目标，倡导多个团队建立良好的沟通和协作，以更快、更可靠地创建高质量软件。

图 4-9　DevOps 的生命周期

DevOps 可以视作敏捷开发的一种扩展，但更强调开发、测试和运维不同团队间的协作与沟通。敏捷开发的目标是确保开发团队及其开发流程具有快速变化的灵活性，而 DevOps 则重视端到端的业务解决方案，通过软件开发团队和运维技术团队之间的沟通协作来提高工作效率。

DevOps 弥补了敏捷过程中开发、测试、运维在整个软件开发周期中相对分离的不足，具有加快交付速度、提高交付质量、减少团队摩擦、实现快速反馈等优势。具体表现如下。

- 对需求变更的迅速响应。
- 超快的交付速度，同时保证产品质量。
- 建立完善的协作沟通渠道。
- 快速识别代码中的错误或漏洞。
- 灵活的安全部署，保障安全特性。

1. DevOps 的 6C 概念

在推进 DevOps 落地时，团队需要具备 6 种能力（即 6C）。

- 持续业务规划（Continuous Planning）能力：持续地规划和调整业务目标，以确保开发工作与业务战略保持一致。

- 协作开发 (Collaborative Development) 能力：团队成员之间进行紧密的协作，共同开发软件，以提高效率和质量。

- 持续测试（Continuous Testing）能力：在软件开发的每个阶段都进行测试，以确保软件质量，并及早发现问题。

- 持续发布和部署（Continuous Release and Deployment）能力：自动化的发布和部署流程，使得软件可以快速且频繁地发布到生产环境。

- 持续监控（Continuous Monitoring）能力：持续监控软件在生产环境中的表现，包括性能、可用性等，以便及时发现并解决问题。

- 持续客户反馈和优化（Continuous Customer Feedback and Optimization）能力：收集和分析客户反馈，以指导产品优化和改进。

通过坚持不懈地锻造团队 DevOps 的 6C 能力，能够帮助团队加速软件研发和交付，平衡项目的速度、成本、质量和风险，从团队能力到研发创新全面提升，缩短用户反馈时间，最终提升用户体验。

2. 敏捷和 DevOps 的区别

DevOps 是在敏捷模型基础上再次优化产生的理论，即在敏捷理论的基础上，将运维理念应用其中，实现了软件开发、测试与运维的统一集成，使得软件开发管理模式更加规范，可以说，DevOps 是继敏捷研发后的又一个先进的研发理念，通过整合开发和运维，有效解决了敏捷研发中软件开发与运维之间的鸿沟，提升了软件开发效率和交付质量。

通常，当项目团队成功引入敏捷开发后，开发侧会注重工作节奏和效率的提升，不断迭代产品，而运维侧更愿意追求稳定、安全和可靠的服务（见图 4-10）。

作为两个不同部门，二者 OKR（Objectives and Key Results，目标与关键结果）的衡量指标、绩效考核激励机制也不尽相同，这

图 4-10　项目团队成功引入敏捷开发后的变化

就在很大程度上造成了为达成各自的局部目标，两个团队之间的工作方向和团队利益的冲突，随即出现开发与运维之间的隔阂，无法真正地将价值持续地交付给客户。

DevOps 解决了开发与运维之间的鸿沟问题，打破了开发与运维之间的部门壁垒，可以说，DevOps 是敏捷在运维侧的延伸。

DevOps 的核心是精益与敏捷的思想和原则，传统的敏捷是为了解决业务与开发之间的鸿沟问题。

DevOps 延续敏捷宣言和敏捷十二条原则中强调：个体和互动、交付可工作的

软件、客户合作、响应变化。在此基础上，借助 Scrum、看板、XP 等众多管理和工程实践模型来实现开发与业务之间的频繁沟通，快速响应变化。事实上，DevOps 与敏捷是同一问题的不同分支，最终汇集到同一个目标。

4.4.2　如何实施 DevOps：不仅是工具落地

以持续交付为核心目标，DevOps 将各项研发活动进行有机结合，以使整个项目过程简单化、高效化。但这并不是仅靠自动化就能落地的，大家在实际过程中，可遵循 CALMS 模型进行实践。

对团队而言，需要解决的问题是全局提升而不是局部优化。在此基础上，CALMS 模型应运而生，经过不断地验证与实践，CALMS 模型已经成为许多 DevOps 从业者的价值参考模型。

2010 年在美国山景城（Mountain View）举办的 DevOpsDays 活动中，达蒙·爱德华兹（Damon Edwards）用"CAMS"这个缩写高度概括和诠释了

DevOps，即文化（Culture）、自动化（Automation）、衡量（Measurement）和分享（Sharing）。

随后韩捷（Jez Humble）将"L"（Lean，精益）原则也加入其中，最终变成了 CALMS 模型。CALMS 模型（见图 4-11）涵盖了文化、自动化、精益、衡量与分享。

C Culture（文化）
DevOps提倡把沟通、技术、方法和工具紧密地联系在一起。

A Automation（自动化）
通过自动化来提高各环节活动的工作效率。

L Lean（精益）
本质是消除浪费，通过使用精益原则促使高频率循环周期，达成对整体效率的提升。

M Measurement（衡量）
需要及时对关键过程和质量指标进行衡量和反馈。

S Sharing（分享）
通过分享反馈和建议，获得持续改进，应用最佳实践来促进组织发展。

图 4-11　CALMS 模型

实施步骤
1. 敏捷开发。
2. 集成CI/CD工具实现基础设施自动化。
3. 容器化。
4. 自动化配置和部署。
5. 持续监控
6. 确保团队间的持续反馈。

核心目标
实现过程自动化，以提高生产效率；通过持续地衡量、反馈和改进，确保快速交付的质量。

1. 敏捷开发

通过实施"短平快"的敏捷开发，将整个项目过程分解为若干迭代，可以增加发布频次，使产品的新特性以及可能存在的问题尽早得到检测、发现和响应。

2. 集成 CI/CD 工具实现基础设施自动化

DevOps 使用微服务对系统进行更细颗粒度的拆解和管理，相对独立的模组服务被分发到不同的容器中。在这个阶段，最常用的工具包括 Ansible、Puppet、Chef、Kubernetes。

为了获得最佳的配置管理和应用部署效果，这些工具可以很容易地与 CI/CD 工具（如 Bamboo、GoCD 和 Jenkins）进行集成，从而有效地实现持续集成。

3. 容器化

使用容器引擎，将相对独立的业务模组分解到不同的容器中，提供尽量松耦合的无状态服务。通过容器，可以无缝、高效地将已验证的软件从测试服务器迁

移、部署到生产环境中。同整个 IT 基础设施相隔离的容器具备更好的可迁移性和可控性，这也是容器化作为 DevOps 基础设施管理的一个重要原因。

4. 自动化配置和部署

这个阶段涉及将应用部署到生产环境服务器上并确保其稳定运行，其中自动化配置和部署是关键。通过自动化手段，可以实现快速、准确的部署，并对功能、性能、稳定性和安全性等方面进行统一监控和管理。

5. 持续监控

持续监控有助于快速发现问题并做出响应，保持
服务的可用性、稳定性，它还能协助追踪和确认
频繁出现的问题现状、潜在威胁以及根本原因。
这个阶段需要分析从内部团队和用户那里获得的
反馈，并及时进行响应和跟踪处理。在这个阶
段，性能和安全性问题可以得到有效处理，借助工具也能自动修复运维中的某
类问题。

6. 确保团队间的持续反馈

通过不同团队、角色间的有效沟通和协作，交付件、技术和过程方面的问题得
到精准的定位和高效的解决，从而带来生成过程和产品质量的整体持续提升。

DevOps 是集大成者，是各种好的原则和实践的融合，基于 DevOps 的开发
管理模式，在满足原有需求、配置等的基础上，实施了优化改良，不同团队可
以根据自身的研发组织和技术特点进行大量的集成、定制和自动化开发，弥补
了传统敏捷研发中端到端的缺陷和不足。

DevOps 实现了开发、测试、交付、运维于一体
的稳定安全的开发管理模式，覆盖了项目全生命周
期的维护管理，有效满足了网络信息环境的复杂性
需求。

4.4.3　DevOps 衍生概念：各方与运维的结合

除了 DevOps，不知道大家还有没有在一些新近的文章中见过相关的衍生概

念，主要是 XX+Ops 的形式，今天阿道也给大家稍微介绍一下。

1. DevSecOps

在 DevOps 协作框架下，安全防护需要贯穿至全生命周期的每一个环节。在这个理念下催生出了 "DevSecOps" 一词，即在开发和运维紧密结合的基础上又强调了安全，也就是说，必须为 DevOps 打下扎实的安全基础。

DevSecOps 意味着从一开始就要考虑应用和基础架构的安全性；同时还要让

某些安全网关实现自动化，以防 DevOps 工作流程变慢。要选择合适的工具来持续集成安全防护，如在集成开发环境（IDE）中集成安全防护功能。高效的 DevSecOps 安全防护不仅需要新工具，更需要整个公司实现 DevOps 文化变革，从而尽早集成安全团队的工作。

2. GitOps

GitOps 是一种实现持续交付的模型，它的核心思想是将应用系统的声明性基础架构和应用程序存放在 Git 的版本控制库中，主要围绕 IaC（Infrastructure as Code，基础设施即代码）、拉取请求、CI/CD 展开。

将 Git 作为交付流水线的核心，每个开发人员都可以提交拉取请求，并使用 Git 来加速和简化 Kubernetes 的应用程序部署和运维任务。通过使用 Git 这样的简单工具，开发人员可以将注意力集中在创建新功能而非运维相关任务上。

3. ITOps

相比 DevOps，ITOps 更传统，它将软件开发和 IT 基础设施管理视为一个统一的管道，并通过改进这一管道推动其实现更高的灵活性。

ITOps 的最佳实践更倾向于使用可靠的、经过高度测试的商业软件和解决方案来构建基础设施——包括硬件，因为 ITOps 倾向于关注物理服务器和网络。与推崇敏捷性和速度相比，ITOps 更关注稳定性和长期可靠性。

4. CloudOps

当 ITOps 将基础设施转移至更传统的一边时，CloudOps 却恰恰相反。这种方法依旧与 DevOps 有着高度相似性，但在基础设施管理方面的关注点有所不同。顾名思义，CloudOps 更多地利用现代服务提供商（如 Amazon）提供的云原生功能，让开发人员更专注于其核心竞争力。

CloudOps 主要有 3 个要素：分布、无状态和可伸缩性。分布式开发和部署意味着不存在单点故障。整个云环境变得更加可靠，并且可以保持正常运行时间。同时，至少在工作流的某些部分，无状态化的能力对成本效率来说是一个巨大的优势。

除了上述概念，还有 CIOps、AIOps、NoOps 等，是的，现在是"Ops"盛行的时代。阿道就不在这里赘述了，感兴趣的读者可自行了解。

第 5 章 程序员的团队管理

在职场中，除了可量化的技能，阿道认为还有一个看不见、摸不着，但在潜移默化中影响着工作乃至人生轨迹的技能，那就是团队管理。团队管理是一项重要的能力，涉及决策、领导力、团队合作、有效沟通等方面的技能。这些技能在学校的教育中可能没有系统地教授，但它们在工作和生活中都是必不可少的。因此，我们应该活用"学校已教过的事"，并时刻用心学习"学校没有教的事"。这是我们在职场中突破挑战、取得成功的关键。不断提升自己的团队管理能力才能够更好地与他人合作，实现个人和团队的共同目标。

5.1　做一个好决策：先改哪个bug

5.1.1　决策困难症：难点全破解

阿道认为，复杂的决策之所以难，在于很多决策并没有统一的标准，无法被量化，甚至还有可能需要承担责任或后果。决策能力就是将所有标准统一，并将其量化，根据可能带来的结果做出最终选择。

实施决策的 3 个步骤如图 5-1 所示。

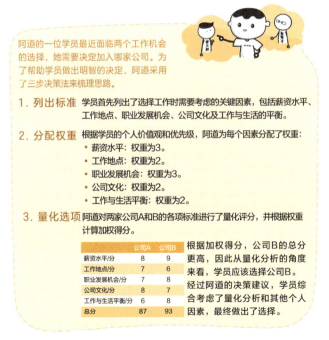

列出标准　➡　分配权重　➡　量化选项

图 5-1　实施决策的 3 个步骤

根据真实权重，对所有的分数进行加权汇总，得到一个最终评分（见图 5-2）。

阿道的一位学员最近面临两个工作机会的选择，她需要决定加入哪家公司。为了帮助学员做出明智的决定，阿道采用了三步决策法来梳理思路。

1. **列出标准**　学员首先列出了选择工作时需要考虑的关键因素，包括薪资水平、工作地点、职业发展机会、公司文化及工作与生活的平衡。

2. **分配权重**　根据学员的个人价值观和优先级，阿道为每个因素分配了权重：
    - 薪资水平：权重为3。
    - 工作地点：权重为2。
    - 职业发展机会：权重为3。
    - 公司文化：权重为2。
    - 工作与生活平衡：权重为2。

3. **量化选项**　阿道对两家公司A和B的各项标准进行了量化评分，并根据权重计算加权得分。

	公司A	公司B
薪资水平/分	8	9
工作地点/分	7	6
职业发展机会/分	7	8
公司文化/分	8	7
工作与生活平衡/分	6	8
总分	87	93

根据加权得分，公司B的总分更高，因此从量化分析的角度来看，学员应该选择公司B。经过阿道的决策建议，学员综合考虑了量化分析和其他个人因素，最终做出了选择。

图 5-2　对所有的分数进行加权汇总，得到一个最终评分

基于上述实施决策的 3 个步骤，阿道在后文会给大家介绍几个决策模型。

实际上，决策也需要与人互动，是无法用单一理论或模型来描述的。所以使用以下模型时，最重要的是根据场景来调整或者改变，乃至组合使用，形成自己熟记于心的方法论。

5.1.2　决策方法论：决策模型面面观

1. MECE 分类规则

MECE（Mutually Exclusive Collectively Exhaustive）原则，即"相互独立，完全穷尽"原则，也常被称为"不重叠，不遗漏"原则。

在做决策之前，大家可以用 MECE 原则（见图 5-3）考虑"列出标准"时每一条的合理性，以使各标准不存在遗漏也不会互相干扰。

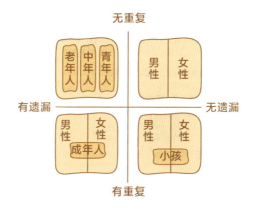

图 5-3　MECE 原则的示例

同时，还需要保证划分后的各部分符合以下要求。

1 各部分之间相互独立。相互独立意味着问题的细分是在同一维度上并有明确区分且不可重叠。

2 所有部分完全穷尽。完全穷尽意味着全面、周密。

MECE 原则要求观点之间必须按照一定的逻辑顺序进行组织，这些顺序包括时间顺序、结构顺序、重要性顺序和演绎顺序。

确定好逻辑顺序以后，首先保证观点之间不重叠，其次判断步骤是否有遗漏，结构的某部分是否结实，推理的环境是否有跳跃。

针对重要性顺序，MECE 原则仅检查观点是否重叠，无须检查是否遗漏。因为重要性顺序本身就是突出几个重要的观点，如果所有观点都包括了，那就是时间顺序或结构顺序了。

MECE 原则是针对三步决策法中的"列出标准"这一步而言的。在列出标准时就遵循 MECE 原则，这样在后续分配权重时，就不会出现标准有重叠或有遗漏的情况，造成犹豫不决、难以判断等问题。

2. SWOT 分析

阿道常常用 SWOT 分析（见图 5-4）将与研究对象密切相关的各种主要内部优势、劣势和外部的机会、威胁等列举出来，以此判断每个因素在权重中所占的比例。

图 5-4　SWOT 分析

实现 SWOT 分析的战略如下。

① 优势—机会（SO战略）

增长型战略是一种发展企业内部优势与利用外部机会的战略，是一种理想的战略模式。当企业具有特定方面的优势，而外部环境又为发挥这种优势提供有利机会时，可以采取该战略。

② 优势—威胁（ST战略）

多种经营战略（多元化战略）是指企业利用自身优势，回避或减少外部威胁所造成的影响的战略。

③ 劣势—机会（WO战略）

扭转型战略（转向战略）是利用外部机会来克服内部劣势，使企业改变劣势而获取优势的战略。当存在外部机会，但由于企业存在一些内部劣势而妨碍其利用机会时，可采取措施先克服这些劣势。

④ 劣势—威胁（WT战略）

防御型战略是一种旨在减少内部劣势，规避外部威胁的收缩战略。当企业存在内忧外患时，往往面临生存危机，企业应主动进行业务重组或者彻底放弃，设法避开威胁和消除劣势。

从这个模型可以看出，SWOT 分析并不是仅适用于决策，它其实是市场营销的基础分析方法之一，可以帮助企业判断优劣势、合理制定战略。

这里使用 SWOT 分析，有助于在做好分类的基础上，对列出来的每个因素权衡利弊，除辅助决策，SWOT 分析也可以合理规避可能做出的决策的风险，发挥其最大优势。

5.2 非正式领导：高级程序员的领导力实践

阿道身边有不少优秀的管理者。在他们身上，阿道看到了相同的特质——领导力。领导力对管理者和非管理者来说都是重要的，拥有领导

力的人可以激发团队成员的热情与想象力，促使团队成员全力以赴，共同完成目标。

5.2.1　正确认识领导力：领导力并非权力

在 21 世纪，随着社会变革的加速、国际交流的日益频繁、信息技术的迅猛发展以及个性化需求的不断增长，每个人都或多或少地面临着各种挑战和机遇。因此，无论我们是否担任领导职位，都需要具备一定的领导力，以应对这些变化和挑战。21 世纪的领导力不仅仅是传统意义上的领导方法和技巧，更不仅仅局限于领导者个体，它已经成为一种更为全面和广泛适用的能力，是我们每个人都应该努力培养和掌握的一项关键素质。

领导力专家约翰·麦克斯韦尔（John C.Maxwell）说过："不是有人任命你当领导，你就具备了领导力。你必须在成员身上发挥个人影响，这才是领导力的获得方式。"领导力并非权力，而是一个人的影响力。

非管理者千万不要有"我只是一个程序员"的心态，这项能力并非只有管理者才需要。成为一个有领导力的人并不意味着我们要放弃程序员的日常工作。相反，有领导力的程序员会吸引更多技术人员朝着一个技术目标发展，这也是一个技术团队走向成功的能力源泉。

领导力能扩大我们在团队中的影响力。例如，对如何改进代码库有什么好的主意，此次项目有什么新的编程语言或框架可以使用，对新产品有什么好建议，等等。领导力让自身的建议变得重要，团队中的成员也会支持我们做出的决定。

5.2.2 个人领导力 6 步法：成为技术意见领袖

大家可能会认为：领导力更像是与生俱来的。而阿道想说的是，领导力在职场中很重要，而且它是可以习得的。本节会分享一些习得个人领导力的方法和技巧。

1. 自强担当，凡事以身作则

天生我材必有用，每个人都有属于自己的空间，都需要找到自己的价值点，在相应的领域深度钻研、不断突破，提升自己的专业能力。当团队面对更大的困难和挑战时，你会选择站出来承担还是低头逃避？看到这里，不如尝试挑战一下自己：在新一期的项目里认领一个有难度的任务吧!

2. 互信利他：相互信任，做有利于他人的事情

互信利他其实是阿道公司的价值观之一，放在这里也是适用的。

在团队协作中，我们要足够相信伙伴的能力，把我们不擅长的事情交给别人做。

很多人对稻盛和夫的"利他"哲学都不陌生，他说过："以利他心度人生，能增强人的成就感和幸福感，最终回报会回到自己身上，对自己同样有利。"若是处处都要计较，步步都要算计，半点好处也不愿分给旁人，那么自己也不会走得

长远。所以充分地尊重他人对利益的合理诉求，努力帮助他人，少说一点、多干一点，才是最好的利己。

在这里可以反思一下：同事请教技术问题的时候，我们是否毫无保留地讲解？新人

在问业务流程的时候，我们是否用心分享？

3.　培养同理心，换位思考

一个人拥有良好的同理心，就拥有了感受他人、理解他人行为和处事方式的能力。培养同理心要避免以下两种想法。

我就是我，不需要别人理解　　　　别人的事与我无关

基于同理心做到换位思考。尝试换到别人的角度和立场去思考问题，设身处地想人所想。我们可以用 3 小步完成换位思考。

2 如果我是他，我不希望……

"己所不欲，勿施于人"，你不希望的常常也是别人所不希望的。可以从自我的感受出发，通过换位思考去推敲别人。

1 如果我是他，我需要……

人际交往中，你的很多心理需求往往也正是别人的需求。所以，在分析他人的需求时，需要我们以己度人，换位思考。

3 如果我是他，我的做法是……

假设自己在对方的位置上，你会如何选择、如何行动。

只有当我们有了同理心，开始换位思考了，才能了解身边的人，进而影响他们。

4.　建立个人与他人的良好关系

简单来说就是多交际，阿道理解的交际可以是大家吃饭唱歌的社交活动、共享

兴趣爱好，也可以是结对编程时建立的一对一的彼此信任。编码可能是孤独又伟大的事情，尽量找一些机会，和身边的伙伴一起交流技术。每一项建立关系的小投资都将获得长期的回报。看到这里，不妨先约上几个伙伴喝个下午茶聊聊，或者相约去享受一场激烈而畅快的羽毛球比赛。

5. 善于倾听并给予反馈

倾听是沟通的基础，倾听能鼓励他人倾吐他们的状况与问题，从而协助他们找出解决问题的方法。倾听是有技巧的，首先需要足够的耐心与全神贯注。倾听需要深呼吸、鼓励、询问、反应与复述（见图5-5）。

图 5-5　倾听

关于倾听的建议如下。

说完倾听再来说说反馈，有效反馈是人际交往和沟通中表述行为、表述结果、激励他人 3 个方面的综合。有效的反馈可以改善行为方式和工作方式，提高工作效率，增进人际关系。反馈一般分为两类：一类是鼓励性反馈，即正面反馈；另一类是纠正调整式反馈，即负面反馈。

- 正面反馈是塑造行为的恰当途径，正面反馈要及时、具体和客观。
- 负面反馈有利于成员不断提升自己，负面反馈要对事不对人。

记住一个反馈的核心点，无论正面反馈还是负面反馈，我们都需要让对方知道自己提供反馈的初衷是想帮助他们。

6. 适当地给予赞扬

公开的赞扬可以帮助伙伴在团队中找到自信和自我价值，并让其他团队伙伴有机会学习、模仿这样的行为，有利于团队整体向前。

所以不要吝啬对伙伴的赞美，适当的赞扬可以在团队中产生积极的影响。阿道公司就会定期举办"夸夸大会"，当让你夸一个人要夸够 5 分钟时，你会觉得时间很漫长，这是正常现象，但不妨努力试试。

阿道参与了几次"夸夸大会"后总结了两点。

当你赞美别人时，首先要确保赞美是真诚的。赞美最忌讳的是敷衍和浮夸，如果不是发自内心的赞美，很容易引起别人的反感。

态度：真诚至上

赞美具象化就是要具体而详细地说出对方的独特优点。赞

赞美需要具象化

美具象化可以让对方感受到你的真诚，又可以让你的赞美深入人心。可以尝试以下式子：

提出对方的独特细节 + 描述 + 欣赏

阿禅，你的用户故事写得真好，用户故事的三要素都完整呈现，又满足了INVEST原则。你可以教教我吗？

正如之前所提到的，每个人都有机会发挥领导力。可以通过积极承担责任、主导任务的完成来展现个人的自我管理能力和团队协调、引导能力，从而实现团队的协作和项目的成功。此外，每个人也都有能力成为团队的"领导者"，通过行为引导、提供支持和帮助来影响和激励团队中的其他成员。这种积极的参与和互动有助于建立良好的团队氛围，推动团队的整体发展并成就团队。

5.3　团队合作：一起熬一锅"石头汤"

阿道发现有些团队存在"责任推诿""背锅互怼"等问题，事实上，这些问题都影响着项目的顺利推进。软件研发项目的成败与软件质量是受多方面影响的。在这些影响因素之中，"人"起到了不可忽视的关键作用。要想让项目朝着目标的方向前进，我们就需要努力促进团队内的和谐合作。《程序员修炼之道》的作者指出："所有的负面情绪会在团队成员间蔓延，变成恶性循环。"因此，我们要在团队合作的过程中发挥正面情绪的积极引导作用。阿道从该书中收获了很多，也想和大家分享。

1969 年，美国斯坦福大学心理学家菲利普·津巴多（Philip Zimbardo）曾做过一项有趣的"偷车实验"。他找来了两辆一模一样的汽车，把其中一辆停在比较杂乱的街区，另一辆则停在管理较好的小区里。然后他把杂乱街区的汽车车牌摘掉，顶棚打开，安排人手在那里监视，但对任何事情不加干涉，结果很快汽车就被人偷走了。而在管理较好的小区，那辆汽车一个星期后依然安然无恙地停放在那里；于是，津巴多教授找人用锤子把这辆汽车的玻璃窗敲碎了，而后仅过了几个小时，汽车就被人偷走了。

这项实验推动了"破窗效应"理论的诞生：如果有人打破了窗户玻璃，而窗户得不到及时维修，别人就可能会得到某些暗示性的纵容，去打破更多的窗户。

阿道还清楚地记得亡羊补牢的故事：尽管放羊的农户最后修补好了羊圈，可他并没有在一开始发现羊圈的窟窿时就着手修补，反而存着侥幸心理放任窟窿的扩大。当然，古人并不知道破窗效应，但古今道理相通，意识到放任的后果后，农户听从邻居的建议及时修补，才防止了更多的羊丢失。

这两个例子共同向我们阐释了一个道理：任何一种不良现象都将传递一种信息，这种信息会导致不良现象的无限扩大。如果有破窗的存在，及时弥补，那便为时未晚；若一味放任，则将造成更坏的后果，后悔莫及。

破窗效应是一再放任造成事态恶化，因此一旦团队内部出现这种苗头，就需要及时遏止并加以改进，这个时候要向团队传递正向心态，积极配合协作，例如，一起熬一锅"石头汤"。

例如，一起熬一锅"石头汤"。

"石头汤"的故事其实很简单：

3个饥肠辘辘的士兵来到一个饱经苦难的村庄，但这个村庄的村民们常年在艰难岁月中煎熬，食物短缺，所以当他们看到3个士兵的时候，家家户户把吃的东西都藏起来了。

这时，又累又饿的士兵们灵机一动，向村民们宣布，要煮一锅石头做的汤，并声称要是在石头汤里加点胡萝卜和土豆就会更美味了。村民们出于好奇，纷纷拿出私藏的食材，最后士兵和村民们一起分享了一顿真正的美食。

同样，鲁迅在其小说《社戏》[1]中也描述过类似的现象。迅哥儿和伙伴们看戏归来，一起分工协作在船上煮豆吃：年长的摇船、生火，年幼的剥豆。

由此可见，任何一种好的现象也会向外传递一种信息：每个人从自我做起，积极地相互协作，消除存在的问题，才会让整个团队达到共赢的状态。如果每个人都想"自家扫取门前雪，莫管他人屋上霜"，那这锅"石头汤"可能就永远无法做成了。

那我们应该如何在团队内建立起合作意识与合作关系呢？

1. 树立项目管理思维

促进团队合作，我们应树立"好快省多"的项目管理思维。

① 好：

"好"是做事的目标，我们要确定团队一致认可的做事目标，即价值优先，促进价值交付。

② 快：

"快"是做事的方式，做事要聚焦于交付，集中精力把一件好的、有价值的事情交付出来。

---

[1] 鲁迅. 呐喊 [M]. 北京：人民文学出版社，2021.

3 省：

"省"是具备一定的经营意识，不仅要把事情做好做快，也要协调好资源，即做到投入产出比最大化。

4 多：

"多"是做好了以上3项的客观结果，即所打造的项目价值越来越高。

2. 学会有效沟通

团队合作的基础是沟通，如何与团队成员有效沟通呢？

首先，面对面沟通的效率大于远程沟通 / 线上沟通，远程团队则可以采用视频会议的方式来进行沟通。

其次，对于合作类型的任务，可以通过每日站会、物理 / 电子看板等进行及时同步。

然后，在沟通的过程中可以通过阐述清楚背景、要求，及时同步变更内容来交互信息，实现有效沟通。

3. 学会解决问题

当团队合作出现问题时，我们应如何解决？

这里有一个非常典型的案例。美国有一个为纪念第三任总统托马斯·杰斐逊（Thomas Jefferson）而建的杰斐逊纪念堂，但是该纪念堂年久失修，墙面经常

开裂。起初，纪念馆的工作人员认为墙面开裂是酸雨侵蚀墙面造成的，于是直接清洗墙面进行修补。但发现经过一段时间后，墙面还会再次出现裂纹，这种解决方法治标不治本。随后，很多专家就纪念堂墙面这一问题进行了深入的讨论分析，发现只有纪念堂东面的墙体出现了裂纹，而其他几面墙受损并不严重。对此，大家连续问了 5 个问题（"5 Why"法）。

问了 5 个问题之后，解决方案也就出来了：给东面墙上的窗户安上遮光性强的窗帘，并且天黑之前及时拉上窗帘。采取了这个措施之后，纪念馆的墙面开裂问题得到了解决。

通过纪念馆的这一案例我们可以发现，问题解决并不是一个简单的过程，如果我们没有分析出来问题的深层原因，那就无法真正解决问题。

同样，在杰斐逊纪念堂问题中用的"5 Why"法也推荐给大家。在团队过程中遇到的问题，我们可以通过"5 Why"法层层深入地提问以挖掘出问题的根本原因。

5.3.1　警惕温水煮青蛙：永远审视大局

达成团队内部的合作固然重要，但外部因素的变化也不可忽视。如果我们没有及时察觉外部环境的变化并做出灵活的应变，就有可能步入"温水煮青蛙"的困境。

和温水里的青蛙一样，世界上还有一种不会飞的鸟，叫渡渡鸟。15 世纪前，由于生活的环境中有着丰富的食物，且没有天敌，渡渡鸟的翅膀开始退化，它们最终只能在陆地上行走、奔跑、筑巢。随着人类的到来，渡渡鸟安定的生活被打破了：人类大肆捕杀渡渡鸟，随之而来的猪、猴子等动物不断地捕食

渡渡鸟的幼鸟和鸟蛋，渡渡鸟孵化率急转直下。很快，每天捕杀的渡渡鸟数量

越来越少，到 1681 年，最后一批渡渡鸟被捕杀，渡渡鸟就此灭绝。

没有察觉到外界因素变化的团队就如同没有察觉到变化的青蛙和渡渡鸟，抵御风险的能力会大打折扣。

同样在团队合作的过程中，我们发现大家经常会沉浸在细枝末节中，而忽视了对整体的审视：如在工作中，可能会纠结于这个地方需不需要改动，那个任务还需要多少工时，却忽视了对项目进度的跟进、对整体质量的改进以及对外部环境、人员需求变化的觉察，从而陷入了"只见树木，不见森林"的思维模式中，失去了对大局的整体把控。

所以我们在埋头手中的工作之余，也可以尝试抬头看看：有没有更好的技术方向，有没有更高效的管理方式以及有没有更高维度的视角。

5.3.2　做推动变革的催化剂：打造高效能团队

虽然我们需要警惕"破窗效应"，但在窗子真正被打破之前，也并非一点儿问题都没有。"破窗"是一个日积月累的过程。

在工作或者生活中，大家有没有过"这不可能"或者"嗨，这才多大点事儿"的心态？

这类心态会让我们说服自己这个操作没有太大的问题，错误也不可能发生，然后选择忽略他人或程序发出的预警。

但实际上，在我们意识到某些地方出现问题之前，"不可能或糟糕事件"就已经发生了。如果我们因"不可能"心态忽略了这些小的问题，反而会面临一个更糟糕的境地。

1986 年 1 月 28 日，美国"挑战者"号航天飞机升空 73 秒后突然爆炸解体，机上 7 名宇航员在此事故中丧生。

NASA 当时给出了一个答案：这起事故的主要原因是内部沟通机制不完善。但他们隐瞒了一个细节：在"挑战者"号升空之前，一名工程师发现了一处问题。该工程师建议 NASA 推迟发射，然后对飞机进行全面检修。但 NASA 决定按照原计划发射，就此埋下了隐患。

为了保障项目的成功推进，我们应该警惕这些可能导致"破窗"的"不可能"心态，打造一个不断推动变革的高效能团队。

1. 设定团队成员共同认可的目标

首先我们需要确立一个团队成员共同认可且具有一定激励性的目标，同时将团队目标拆分、细化到每一个团队成员上，使团队成员能够形成推动项目成功的合力。如果团队目标与个人目标不一致，团队成员就没有额外的精力来识别团队外部的变革

因素或变化趋势了。

2. 关注团队而非聚焦个人

在陈述项目中存在的问题时，我们经常会不自觉地犯一个错误：都是因为这个人的代码不规范，另一个人的改动方式有误，导致我们最终交付的产品中出现了一个比较大的缺陷。这种想法看起来是在找出阻碍项目成功的因素，实则是将一整个团队的锅甩在了某一个或几个人的身上。实际上，出现这个失误，不仅是个人有责任，团队有责任，管理者同样有责任。所以我们应避免出现聚焦到个人身上甚至互相指责的问题，同样也可以在陈述问题的时候，将主语由"某某某"变为"我们"，将"某某某有问题"改为"我们有问题"。

3. 打造持续学习、持续改进的文化

打造持续学习、持续改进的文化需要以快速迭代为基础，通过持续的学习、反馈和调整，打造"计划—执行—检查—调整"的反馈环，逐渐完善现有业务流程。例如编码过程中的每日代码评审以及结对编程，这些工程实践能够帮助我们在团队其他成员的身上持续学习，并不断提高自身能力水平。

同时，针对在项目中识别出来的风险点或问题，我们要确认下一步的改进计划并放入接下来的迭代中。

4.　培养创新思维

营造自由开放、大胆试错的团队氛围，鼓励并授权员工不断探索和不断创造，实现更高层次的价值交付。在这种氛围下，团队成员能够有意识地探索新的方向与新的方式，为团队持续注入活力。

上述关键点是团队中非常基础但很容易被忽视的，阿道也希望大家能把握上述关键点，打造高效协作的团队！

第 6 章　程序员如何拥抱 AI

2022 年，以 GPT 为首的诸多大语言模型崭露头角，逐渐进入大众视野。而后，人工智能（AI）迅速成为推动行业发展的关键力量。

无疑，伴随着众多机遇的到来，我们也迎来了前所未有的挑战。这是一个拥有无限可能的新时代，也是考验我们创造力、逻辑力和适应力的时代。接下来，和阿道一起，跃入人工智能时代吧！

6.1 探秘 AI：原理详解

6.1.1 认识大语言模型

2022 年 11 月，ChatGPT 横空出世，其凭借在聊天、翻译、文案创作、代码编写等方面的多模态交互能力迅速吸引了大量关注。随后，各类 AI 工具如雨后春笋般涌现。

在感慨这些 AI 工具功能如此强大的同时，人们也开始对它们的工作原理产生了好奇：它们到底是如何运行的？

阿道提示：想要了解这些 AI 工具，需要重点关注它们背后的大语言模型。

1. 大语言模型是什么

大语言模型（Large Language Model，LLM）是指在海量文本数据上训练，通过无监督、半监督或自监督的方式，学习并掌握通用的语言知识和能力的深度神经网络模型。

从表 6-1 中，我们不难看出，这些大语言模型的参数都超过了一亿个。

表 6-1　GPT 系列基础模型

模型	架构	参数数量	训练数据	发布日期
GPT-1	单向语言模型，由 12 层 Transformer Decoder 的变体组成	1.17 亿	BookCorpus：一个包含约 7 000 本未出版图书的语料库，总大小约为 4.5 GB。这些图书涵盖了各种不同的文学流派和主题	2018 年 6 月 11 日

模型	架构	参数数量	训练数据	发布日期
GPT-2	基于 Transformer 架构，是 GPT-1 的进化版	15 亿	WebText：数量扩大了 10 倍，使用的是包含 800 万个网页的数据集，约 40 GB 文本	2019 年 2 月 14 日
GPT-3	比 GPT-2 更强大的升级版本	1750 亿	训练数据量是 570 GB，使用了 5 个数据集，分别是 Common Crawl、WebText2、维基百科和两个书籍语料库（Books1 和 Books2）	2020 年 6 月 11 日（2022 年 3 月 15 日修订，最终命名为 GPT-3.5）
GPT-4	接受了基于人类反馈的强化学习（RLHF），同时可接受图文多模态输入	未披露	未披露	2023 年 3 月 14 日

换个容易理解的说法，"读书破万卷，下笔如有神"在一定程度上反映了大语言模型的运作模式：通过在海量文本数据上进行训练，吸收大量的知识，进而能够按照用户的需求进行回答、创作、总结与分析。

大语言模型在经过特定训练后可以为企业带来意想不到的可能性。

① 减少人工劳动和成本

大语言模型能够帮企业实现客户服务、内容创作、欺诈检测等领域的自动化，这不仅能够降低人力与时间成本，还能将员工从高度重复的工作中解放出来，从事更需要人类专业知识的重要工作。

② 提高客户满意度

基于大语言模型的聊天机器人不仅能够为客户提供全天候的服务，还能通过处理大量的数据来了解客户的行为和偏好，从而提供个性化服务。这些都有助于提高客户满意度。

③ 提高决策的准确性

大语言模型对大量数据的处理，能够让企业迅速从复杂的数据集中提取需求，从而提高运营效率，更快地解决问题，并做出更准确的商业决策。

④ 提高任务的准确性

大语言模型能够处理大量的数据，提高了预测和分类任务的准确性。这些模型利用大量信息来学习模式和关系，这有助于它们做出更好的预测和分析。

不过，如此"聪明"的大语言模型，其实也存在着一些弊端。

① 认知范围有限

大语言模型的能力受限于它的文本训练数据，这意味着它无法理解训练数据以外的文本。加之它极有可能接触到虚假信息，以及带有种族、性别等社会偏见的训练文本，导致大语言模型会产出虚假信息或带有社会偏见的内容。

② 输入tokens有限

在大语言模型中，token是基本语言单位，可能是一个字或一个词。每个大语言模型的内存都是有限的，所以它只能接受一定数量的tokens作为输入。

例如，ChatGPT-4（标准版）的限制是8 192 tokens（约7 000个中文字符），如果超过这个限制，GPT就无法对输入做出反应。

当然，随着AI的不断迭代，这些限制也会逐步消失。

③ 系统成本高

大语言模型的开发和训练需要大量投资，计算机系统、人力和电力都离不开资金的投入。据估计，ChatGPT 10轮的训练，仅电力成本就高达1 200万元，这并不是随便一个企业承担得起的。

④ 泛化能力弱

泛化能力指机器学习算法对新样本的适应能力。学习的目的是掌握隐含在数据背后的规律，对具有相同规律但不在学习集内的数据，经过训练的网络也应该能给出合适的输出。大语言模型虽然在多个任务上有出色表现，但也容易受输入影响，从而输出不合理甚至错误的内容。

到这里，我们对大语言模型有了一个大致的了解，不过从技术角度来说，大语言模型到底是怎么实践和运作的呢？我们继续往下看。

2. GPT 背后的运作逻辑

以 GPT 为例，GPT 的全称是"Generative Pre-trained Transformer"，即"基于 Transformer 的生成式预训练模型"。如何理解 GPT 的运作逻辑？让我

们把这些词拆分来看。

（1）Generative

Generative 指这个模型具备生成自然语言文本的功能。也就是说，这个模型能够生成一段内容，还能让我们看懂。例如给它几个关键词，它能通过这些关键词自动生成一段话或者一篇文章。

Generative
具备生成
自然语言文本
的功能

有人可能会提出疑问："'狗屁不通的文章生成器'所生成的内容，我们也能够阅读，那么它与 GPT 有何本质区别？"其实，"狗屁不通的文章生成器"仅是一个文本生成工具，其对文本的连贯性和意义要求较低；而 GPT 则是基于深度学习技术构建的高级语言模型，所生成的内容不仅具有较高的连贯性和逻辑性，而且在可读性方面也表现出色。因此，即便不讨论 GPT 生成的内容能否解决实际问题，单从文本的合理性和流畅度来看，两者之间存在着明显差异。

文章生成器

主题　　学生会退会　　　　　生成

既然如此，一般来讲，我们都必须务必慎重地考虑考虑。经过上述讨论，现在，解决学生会退会的问题，是非常非常重要的。所以，既然如此，我们都知道，只要有意义，那么就必须慎重考虑。就我个人来说，学生会退会对我的意义，不能不说非常重大。培根曾经说过，深窥自己的心，而后发觉一切的奇迹在你自己。带着这句话，我们还要更加慎重地审视这个问题：对我个人而言，学生会退会不仅仅是一个重大的事件，还可能会改变我的人生。问题的关键究竟为何？
……

（2）Pre-trained

"Pre-trained"意为"预先训练好的"。一般
来讲，要应用 GPT，需要先将大量的文本数
据输入模型中进行训练，让模型在一定程度上
掌握语言的语法规则和表达方式，而这个提前
输入文本数据进行训练的过程就被称为"预训练"。

（3）Transformer

Transformer 是谷歌（Google）的研究者在论文 "Attention Is All You Need"
中提出的概念，我们可以先将它简单理解为"转换器"。Transformer 的基本
原理是编码（Encoder）和解码（Decoder），也就是先将输入的内容转换为
计算机能理解的内容，再将计算机理解的内容转换为人类能理解的内容，如
图 6-1 所示。

东北人输入："你瞅啥"　计算机：他在说"你看什么看"　定向输出："瞅你咋地"

图 6-1　Transformer 的基本原理示意

但在语言转化的过程中，会出现一个问题：歧义。不止大模型会产生歧义，就
连我们人类在交流中也会出现很多歧义，如"我买了一斤苹果"和"我买了个
苹果新产品"，同样是"苹果"，我们是如何判断这两句中的"苹果"指的是某
种水果还是某个电子设备的呢？

答案没什么争议：结合"一斤"和"新产品"
两个词就能确定不同上下文中的"苹果"代表
的具体含义。而 GPT 能够理解我们输入的内
容，关键也在于此。Transformer 在编码和解

码的基础上，引入了"多头注意力"（Multi-headed Attention）的概念。多头注意力能让模型在处理输入、输出的内容时，更关注内容中的某个或某几个词，并对它们进行加权处理，从而推断其准确含义，实现上下文学习。

既然读懂了你的提问，那 GPT 又是怎样回答出你想要的答案的呢？

前面我们讲了 GPT 是"预先训练好的"，所以当它理解了你想要什么之后，便会自动选择当下最适合的内容，然后在内部不停地输入、输出，最终生成一段完整、具有高匹配度的内容。

示例：请给我描述一个西瓜
第一次输入：请给我描述一个西瓜
输出：西瓜
第二次输入：请给我描述一个西瓜：西瓜
输出：西瓜是
第三次输入：请给我描述一个西瓜：西瓜是
输出：西瓜是一种
……
第N次输入：……
输出：……

最终呈现以下内容。

请给我描述一个西瓜

西瓜是一种大型的水果，通常呈圆形或椭圆形，并覆盖着绿色的坚硬外皮。西瓜的内部是红色或粉色的肉质果肉，里面有许多黑色的种子，这些种子可以吐出来或者吞下去。西瓜是夏季最受欢迎的水果之一，它具有丰富的营养素，如维生素C、维生素A、铁和钾等。西瓜还有很高的水分含量，可以滋润身体并帮助消暑。

GPT 就是通过这种不断地"输入—匹配—选择—输出—再输入"的过程，和我们进行问答交互的。而我们熟知的 ChatGPT 是基于 GPT 模型调整而成的对话生成模型，本质上，两者的工作原理是相同的。

了解完原理，接下来的问题是：大语言模型是否真的如人们所期望的那样，能满足人的各类需求？

6.1.2　AI 是传说中的"银弹"吗

自有"software"（软件）这个概念以来，无数的先贤"大牛"孜孜不倦地寻求能够一劳永逸解决编程难题的方案，也就是传说中的"银弹"。

AI 凭借其强大的自然语言理解能力和生成能力，能否成为程序员梦寐以求的"银弹"呢？

在回答这个问题之前，我们先来了解一下软件研发领域的著名大师布鲁克斯（Brooks）先生提出的论点。他在 1986 年提出了一个著名论断：在未来十年内，无论是在技术上还是管理方法上，都不会有任何突破性的进步能够保证在十年内大幅度地提高软件的生产率、可靠性和简洁性。这便是软件领域的"没有银弹"论点。

在西方传说中，"银弹"是少数可以杀死狼人的武器之一，代表着能够迅速、彻底地解决问题的神奇方法。也就是说，布鲁克斯认为不存在一种能够像"银弹"一样迅速、彻底地解决软件开发中所有问题的技术或方法。

布鲁克斯认为软件研发中存在两种困难：根本困难和次要困难。根本困难包括复杂度、一致性、可变性和不可见性。

先说复杂度的问题。布鲁克斯列举了一些影响复杂度的因素。

- 组件交互和状态数量的增长速度远快于代码行。

- 软件没有两个部分是相同的。

- 状态大量产生。复杂度随规模增长呈指数增长。

- 缺少对整个领域、流程或系统的掌握。

- 由于复杂度是软件的根本特性，软件无法像其他学科那样进行抽象。

- 复杂度会引入技术和管理问题，进而会导致更多不可靠的情况出现。

复杂度会在技术和管理方面产生两个后果。技术上，复杂度会使团队成员的沟通变得非常困难，理解程序也会异常艰难。管理上，复杂度也会带来诸多挑战，如人员的不断调整、知识的传承问题。功能复杂还会影响软件的可用性和可维护性。

一致性问题产生的原因在于新软件必须与现存系统进行对接。改变是件很困难的事情，也不可能因为新开发一个软件就将原来的所有系统都推翻。但保证一

再来看软件开发的一致性问题。

个新软件的接口适配系统的其他部分肯定更加容易，所以只能让新软件遵循过去的做法。此外，还需要和操作系统、硬件环境进行适配。

可变性是指软件要适应不断变化的现实世界、新增的功能及硬件。在实际的研发过程中，有很多因素都会引起变化，如新的应用程序、用户、机器、标准、法律等，因此软件必须具备可变性，能够根据这些变化进行调整和更新。不过这种可变性又会带来负面后果，即增加软件的复杂度。

第三个根本困难是可变性。

和硬件相比，虽然软件变更看上去更容易，但这也使用户对软件的可变性抱有不切合实际的期望。也就是说，人们严重低估了软件变更的难度。因为软件易于变更，所以经常被改动，久而久之会偏离最初的设计。

第四个根本困难是软件的不可见性。

软件的不可见性主要指软件作为一种逻辑实体，没有物理形态，难以直接观察和感知。既然如此，那 AI 的价值又在哪里？

AI 无法解决软件开发的根本困难，但它确实减轻了软件开发过程中一部分次要困难，如需求描述的整理、片段性代码的生成、测试用例的生成等。在特定场景下，通过精心维护的提示语，我们就可以快速得到一些结果。

不过，我们也需要警惕：引入 AI 工具的同时也会引入新的复杂度和不可控因素。例

如，如何写出精确的提示语，如何借助 AI 工具应对需求变动带来的代码的动荡，如何驾驭 AI 生成的代码等。毕竟，AI 背后的大模型还出现了一些其他的缺陷……

6.1.3　什么？大模型还能产生幻觉

幻觉，即一种看似真、实为假的感受。你知道吗？大模型也会产生幻觉。

就像我们身边那个爱吹牛的熟人。

关于大模型幻觉（Hallucination），人们普遍接受的说法是这样的：大模型的幻觉问题，是指模型基于有限元素和强大的语言表达能力，生成的逻辑上似乎合理但实际不符合已知常识的描述。

直白来说，大模型幻觉就是"一本正经地胡说八道"。它就好像饭桌上那个爱吹牛的熟人，推杯换盏间，嘴里几句真话、几句假话，不得而知。

> 物理学家玻尔说过："对于像我们这样相信物理学的人都知道，过去、现在和未来之间的区别只是一种顽固执着的幻觉。换句话说，时间是一种幻觉。"

1. 幻觉是大模型的"通病"

2023 年，一名联邦法官对纽约市的一家律师事务所处以 5 000 美元罚款。原因是该所的一名律师使用 ChatGPT 起草了一起人身伤害案件的诉讼文件，而里面捏造了 6 个案例。

斯坦福大学和耶鲁大学的研究人员在关于 3 种流行的大语言模型的研究预印本中发现，类似的错误在 AI 生成的法律输出里极为普遍。

无论是哪种大模型，都会出现不同程度的幻觉。其"症状"的轻重，与科技公司的实力相关。

一般来说，大模型幻觉分为两大类：事实性幻觉和忠实性幻觉。

事实性幻觉强调生成的内容与可验证的现实世界事实之间的差异。其通常表现为与事实不一致或捏造，如在回答历史事件的具体时间或人物关系时出现错误。

忠实性幻觉是指生成的内容与用户构思或输入所提供的上下文的差异，以及生成内容内部的自我一致性。例如，要求总结某一篇文章的主要内容，但模型生成的总结包含了原文中没有提到的观点或信息。

2. 如何应对幻觉

幻觉无法根除，那我们作为使用者，该如何应对呢？答案就是尽可能地减轻幻觉。

对我们普通使用者来说，减轻幻觉的一个直接方法是调教 AI，并对其给出的内容保持批判的态度。

1 不依赖单一来源

不要只依赖大模型作为获取信息的唯一来源，尝试结合多个渠道的信息进行综合判断。

2 保持批判性思维

对大模型的输出保持警惕，思考其合理性和逻辑性，查验它给出的信息。

3 选择可靠的平台和工具

可以选择大企业开发的模型，这些大模型通常实力更强，幻觉也会更少。

从技术层面来说，现在很多团队也开始着手研究如何减少大模型幻觉。

1 高等提示词

通过编写更具体的提示词，如多事例学习，以及使用新的工具来优化提示词，减少大语言模型的幻觉问题。

2 Meta AI公司提出了大模型自验证的验证链CoVe（Chain of Verification）

提前拟定一个验证计划，通过生成初始响应、组织验证问题、独立回答这些问题并生成最终经过验证的响应，来减少大模型的幻觉，提高响应准确性。

3 共形抽离（Conformal Abstention）

2024年5月发表的一篇论文《通过共形抽离缓解大语言模型幻觉》中提出，通过应用共形预测技术，避免给出不合逻辑的响应，从而减少大语言模型中的幻觉。

4 递归抽象检索

斯坦福大学的一篇论文中提出了RAPTOR（递归抽象处理树组织检索）模型，通过建立更高层次的树状结构，在不同抽象层的文档中进行检索，找到匹配片段，减少幻觉现象。

3. 大模型幻觉，"造梦"的工具

读到这里，大家会觉得这部分内容都是正确的吗？不是的，本小节节首部分的那句话并不是物理学家玻尔说的，

而是爱因斯坦说的。没有看过原句的朋友，很可能把它当真，然后用在别处。

大模型会产生幻觉，人也会，人的交流也并不是百分之百地准确和真实，所以我们不用对大模型幻觉太过紧张。不过，对于需要运用数据进行分析等的严谨工作，的确不建议依赖大模型，因为这要求具备出色的筛选和辨别大模型所提供的数据真伪的能力，非常考验个人的能力素养。

换个角度来看，大模型幻觉也有好处：对于一些需要"造梦"或者"创造性"的内容来说，创意比准确性更重要，而幻觉正好可以提供很多灵感。

亚利桑那州立大学的坎巴姆帕蒂（Kambhampati）教授说过：

> **"今天的大语言模型从来都不是为了纯粹准确而设计的。它们被创造出来是为了创造——为了生成。"**

在 AI 不断发展的当下，大语言模型如同一把双刃剑，既带来了前所未有的机遇，也带来了诸多挑战。我们在惊叹于其强大能力的同时，也不能忽视其存在的问题。

未来，随着技术的不断进步，我们相信，大语言模型和 AI 将在更多领域发挥更大的作用。这更需要我们以科学的态度、创新的思维和严谨的实践去不断探索和完善，让 AI 更好地为人类服务。

6.2　AI 时代：开启新的成长机遇

自 ChatGPT 问世以来，国内外各大企业纷纷挤入 AI 赛道：

- 2023 年，谷歌宣布推出类 ChatGPT 产品 Bard；

- 同年，Bing 集成 ChatGPT，开启搜索新体验；

- 2024 年，微软持续升级 Azure AI，深度集成 AI 功能；

- ……

如此种种，让 AI 在不同领域的高智能应用得以展现：从技术性干货到情感类问题，从科技体育到游戏文娱问题，它都能游刃有余地做出回答。很多人担心只要时间足够长，AI 会像电影《终结者》系列一样发展到高度自主的阶段，从而对人类造成巨大的威胁。由此，阿道也不免发问：

6.2.1　ChatGPT 的出现是 AI 的一大突破

与 Siri、小度、小爱、天猫精灵等智能产品相比，ChatGPT 的学习能力更强、智慧等级更高，能够回答人类提出的各种远超以往难度的复杂问题。

它能教沟通技巧。

> 👤 用户 RGv2eB
>
> 请告诉我如何与同事高效沟通
>
> ⊚ ChatGLM
>
> 1. 明确沟通目的：在开始沟通之前，明确你的目的和需要达成的目标，这有助

于提高沟通的针对性。

2. 倾听：认真倾听同事的观点和需求，不打断对方讲话，表现出尊重和关心。

3. 简洁明了：用简洁明了的语言表达自己的观点，避免冗长和复杂的表述。

4. 结构化表达：采用总分总的结构，先阐述主题，再详细说明，最后总结。这样可以提高沟通的条理性。

5. 适当使用非语言沟通：如肢体语言、面部表情等，以增强沟通效果。

6. 保持积极态度：用积极、正面的态度进行沟通，避免负面情绪影响沟通氛围。

7. 适时反馈：在沟通过程中，适时给予反馈，确认自己是否理解了对方的意图。

8. 尊重差异：尊重同事的文化、性格和沟通习惯，尽量采用对方能接受的方式进行沟通。

9. 善用工具：合理运用电子邮件、即时通信软件、电话会议等工具，提高沟通效率。

10. 适时跟进：沟通结束后，对已达成的共识进行总结，并适时跟进执行情况。

11. 建立信任：通过真诚、可靠的沟通，逐步建立与同事之间的信任关系。

12. 适应环境：根据公司文化和团队氛围，调整自己的沟通方式。

它能解释复杂概念。

👤 用户 RGv2eB

请用简单易懂的话向我介绍量子纠缠。

◉ ChatGLM

量子纠缠是一种量子力学现象，指的是两个或多个粒子之间存在一种纠缠状态，导致它们之间的状态是相互关联的。当一个粒子的状态发生改变时，另一个粒子的状态也会相应地发生改变，即使它们之间相隔很远。这种相互关联是量子力学中的非经典现象，与经典物理学中的相关性不同。量子纠缠在量子计算、量子通信等领域有着广泛的应用。

它能写小说。

> **⚇ 用户 RGv2eB**
>
> 请结合程序员、悬疑小说和煮红酒这三个词，为一部悬疑小说写一段情节。
>
> **⊙ ChatGLM**
>
> 这是一部名为《黑客猎手》的悬疑小说。故事主角是一个年轻的程序员，他是一家大型科技公司的技术骨干，负责该公司的核心系统开发。但是，他的上司突然死亡，而他又成了主要嫌疑人。
>
> 在警方调查期间，他无法证明自己的清白，于是他决定自己去寻找真相。在这个过程中，他发现了许多关于上司的秘密。例如，这个上司实际上是一个黑客，他利用公司的系统进行了一系列的违法行为。而这个系统的安全漏洞正是由于这个黑客上司的操作而被曝光的。
>
> 在调查过程中，主角结识了一个神秘的女孩，她似乎也对这件事很感兴趣。他们一起深入调查，最终发现上司并不是自然死亡，而是被人谋杀。而凶手就是一家竞争公司的技术骨干，他想通过暗中操纵该公司的系统来窃取竞争对手的商业机密。
>
> 最后，主角和女孩合力揭开了整个事件的真相，并将凶手绳之以法。在这个过程中，他们一起享受了煮红酒的美妙，也逐渐发展出了一段感情。故事以主角得到清白和情感归属为结局，但也留下了一些悬念，给读者们留下了想象的空间。

它还能做心理治疗，教人类写日记来帮助应对焦虑。

- 写下此刻让你焦虑的事情；

- 描述一个让你感到焦虑的情况，以及你是如何应对的；

- 反思你的想法和信念是如何导致你焦虑的；

- 给你的焦虑写一封信，表达你的感受和担忧；

- 想象自己在一个平静祥和的地方，并详细描述；

- ……

由此可见，无论是聊天、搜索还是写作，ChatGPT 都能够应对自如。随着技术的发展与创新，ChatGPT 这样的 AI 产品会逐渐深入我们的生活。虽然从 AI 产品上线到实现规模化商业应用将会是一条漫长的创新之路，但 ChatGPT 的出现无疑是 AI 历史上一场真正革命的开始。

6.2.2　AI 是挑战，也是机遇

随着 AI 的快速发展，很多人会产生这样的担忧：AI 是否会取代人类的工作？答案是肯定的。AI 的发展无疑会对很多重复性高、创造性低的工种产生影响。然而，这并不意味着 AI 对人类造成了威胁，相反，AI 作为辅助工具会极大地提升我们的工作效率。

1.　AI 接手重复性的基础工作

AI 取代人类的工作更多的是一种职业结构的调整和劳动力市场的优化。对于那些机械、重复的工作，AI 的介入不仅能够提高效率、减少错误，还能够让人类从这些工作中解放出来，转而投入更有价值、更具创造性的任务中去。

自动化装配线就是一个典型的例子。过去，装配线上的工作往往是由工人重复执行简单的组装任务。如今，这些工作已被自动化机器人取代，通过 AI 驱动机器人能够更

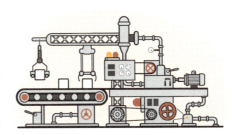

加精确、高效地完成组装任务。

2. AI 促进新兴岗位的孵化

诺贝尔经济学奖得主克里斯托弗·皮萨里德斯（Christopher Pissarides）曾说：
"我对新科技感到兴奋，它们带来了创造其他类型的工作岗位的可能性。"

20 世纪末，美国银行纷纷开始引入自动提款机（ATM），本以为自动提款机的引入会取代一部分银行业务员的职位，但事实上，美国银行业务员的数量陆续从 25 万增长到了 50 万。和以往相比，这些业务员的工作职能不再是机械地办

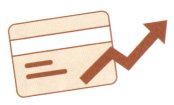

理存取款业务（因为这部分工作已由 ATM 完成了），而是不断地拓展新的、不能由 ATM 完成的客户业务（如推销信用卡、投资型产品等）。

如今 AI 的发展，也会为人类创造更多新的工作机会和职业路径。在 AI 技术的辅助下，新的行业和岗位不断涌现，需要人类发挥主观能动性和创造力的领域也在不断扩大。人类可以专注于创新、策略规划、情感交流等 AI 难以触及的领域，从而实现个人价值的提升和社会整体生产力的增长。

3. AI 完成辅助性的搜索工作

在信息检索、数据汇总等辅助性任务中，AI 也扮演着重要的角色。它通过精炼信息搜索机制和有效调用数据库资源，极大地简化和优化了人工搜索流程，能够提供更加体系化、精确的信息输出。

Bing 搜索引擎接入 AI 技术的举措正是这一趋势的有力证明（见图 6-2）。借助先进的算法和技术，Bing 搜索引擎实现了信息检索的智能化升级，用户在查询时能够更快速地获得相关性高、准确性强的搜索结果。这一创新不仅提升了用

户体验，也标志着 AI 技术在信息检索领域的深入应用，为未来的搜索服务提供了更加高效、智能的发展方向。

图 6-2　Bing 搜索引擎

当然，正如前文所说，大模型幻觉带来的局限性，也反映了这类 AI 工具仍然需要我们的调试与维护，需要通过不断更新升级满足未来更高级、更复杂的需求。

总体来讲，AI 并非威胁，而是一个指向未来的巨大机遇。在科技发展的过程中，会不断有更新、更先进的科技产品问世，只要我们能保持独立思考、不断创新的能力，从伦理、法律等多重宏观层面对其进行必要的约束，把

握科技发展的方向，我们个人的成长与科技产品的迭代发展就能实现和谐共进。

6.2.3　解锁 AI 应用，培养 AI 时代所需的 3 种关键能力

随着 AI 技术的飞速发展，它已逐渐渗透到我们工作和生活的方方面面。要想在 AI 时代立足并脱颖而出，我们不仅需要掌握 AI 的基本应用，还需要培养一系列与之匹配的关键能力。事实上，越来越多的人倾向于依赖 AI 的生成能力，以至于回避那些原本需要人类智慧参与的工作。不过，核心问题并非 AI 本身，而是我们如何调整自身以适应并高效运用这些技术。在本小节中，我们将探讨如何在解锁 AI 应用的同时，培养创造性思维、结构化表达和推理判断这 3 种在 AI 时代尤为重要的能力。这些能力将帮助我们更好地与 AI 合作，发挥各自的优势，共同创造更大的价值。

首先，我们要突破现在的思维模式。

我们可以先假设 AI 是无所不能的，将问题一股脑地交给 AI 执行，再根据结果进行调整。现在大家对 AI 的应用主要还是把日常的任务丢给 AI 做，但这只是浅层的、初级的应用，我们还需要进一步地打破惯性思维，做更开创性的思考和假设。就好像我们现在主要是采用四轮交通工具通勤，如果我们可以通过飞行器进行通勤呢？ AI 就好像给我们更换了新的引擎，碳基生物终于拥有了近乎无限的思考空间。

其次，光有想法不行，还要按照 AI 可以理解的方式对它进行"投喂"。

这需要把我们想法的前后逻辑定义清楚，用结构化的语言告诉 AI。现在网上流传着很多人们总结的 AI 提示词模板，如讲清楚 AI 的角色、希望它做的事情、背景、上下文语境、具体要求、输出结果风格等。

最后，还需要根据AI的反馈进行推理判断。

再调整自己的提问，引导 AI 按照我们的想法进行工作。这与编程的过程是类似的，先写段代码，再根据运行结果进行调整。不同的是，与 AI 互动输入的不是代码而是提示词。

虽然创造性思维、结构化表达和推理判断的能力培养起来比较困难，但只有具备了这 3 种能力，才能更好地利用 AI。

6.2.4　跃入 AI 时代

最后，我们必须直面这个不可回避的事实——无论我们的意愿如何，我们都已经站在AI时代的门槛上。AI的广泛应用，不仅预示着传统行业规则的重新塑造，更预示着一个充满无穷机遇的新领域正在向我们敞开。此刻，正是我们勇敢跃入 AI 时代的关键节点。

每一项新技术的诞生，无疑会引起人类对未来的焦虑。但历史告诉我们，真正的挑战不在于技术本身，而在于我们如何适应、掌握并善用这些技术。只有勇敢地迎接变革，我们才能在新的时代中立足。

6.3 高效赋能：让 AI 为我所用

提示词，最初是由自然语言处理（Natural Language Processing，NLP）研究者设计的一种任务输入形式或模板。现在，我们将输入大模型的内容统称为提示词。提示词学习（Prompt Learning）则是在不显著改变 AI 原有设计的前提下，通过在输入中加入提示信息，使模型产生更优质输出的方法。

正如前文所说，AI 在处理更为专业和复杂的垂直领域问题时，仍会出现许多偏差。要让 AI 的回答更加精准、高效，我们在输入提示词的时候要注意什么？

1. 具体化描述

在和 AI 对话时，为保证输出的内容更贴合我们想要的内容，需要尽可能具体、详细地描述背景和所需结果的字数、风格等，减少 AI 的理解偏差。总的来说，就是让 AI 明确地知道"我们需要它做什么"。

粗略提示词

"请撰写一篇关于智能手表P9的产品介绍文案。"

具体化提示词

"请撰写一篇关于智能手表P9的产品介绍文案。该手表专为运动爱好者设计，具备防水、心率监测、GPS追踪等功能。文案目标受众为25~40岁的健康生活追求者，文案长度控制在500~600字。需要采用轻松活泼的语言风格，段落分明，同时包含对3个具体功能使用场景的描述。"

2. 举例子

提示词很明确、具体，但 AI 生成的内容不是我们想要的，怎么办？这时可以为 AI 提供一个参考文本，也就是举例子，通过设定明确的方向和标准，让 AI 更直观地理解提示词内容，模仿特定的风格、结构。

"请撰写一篇关于智能手表 P9 的产品介绍文案。该手表专为运动爱好者设计，具备防水、心率监测、GPS 追踪等功能。文案目标受众为 25 ~ 40 岁的健康生活追求者，文案长度控制在 500 ~ 600 字。需要采用轻松活泼的语言风格，段落分明，同时包含对 3 个具体功能使用场景的描述。

可参考如下示例：

【防水设计，无惧挑战】P9 智能手表，专为运动而生，采用先进的防水技术，无论是游泳时的激浪，还是帆板下的怒波，都能轻松应对。陪你尽情挥洒每一滴汗水！

【心率监测，健康守护】想要科学运动，心率是关键。P9 智能手表，搭载精准心率监测功能，无论是跑步、骑行还是瑜伽，都能实时反馈心率状态，还可辅助你调整运动强度，让锻炼更有效，健康更有保障。

【GPS 追踪，探索无限】热爱户外探险，但担心迷失方向？ P9 智能手表内置 GPS 追踪系统，无论身处何地，都能精准定位，记录你的运动轨迹。每一次跑步，每一次骑行，都是一次新的探险！

P9 智能手表，不仅是你的运动伙伴，更是你的私人健康管家。让我们一起，活力随行，智能相伴，拥抱健康生活！"

3. 拆提示词

在实际应用中，我们也会发现，在给出具体的描述、示例后，提示词会变得又繁重又复杂。此时，AI 输出的内容也许会漏掉一两个要求，也许 AI 根本不会按照我们要求的格式输出，面对这种情况又该怎么办？

拆提示词，即把一个复杂的问题或需求拆分为若干个简单、具体的小需求，一步一步地引导 AI 输出。拆提示词的时候，可以参考以下步骤。

1 明确目标
确定最终希望AI输出什么内容。

2 识别关键要素
找出实现目标所需的关键信息和要素。

3 分解任务
将关键要素细化为可以独立处理的子任务。

4 制定简单提示词
为每个子任务制定一个简单、明确的提示词。

5 执行与整合
让AI按照简单提示词执行任务，并将结果整合。

当然，这里的例子仅展示了如何"拆"，至于拆出来的具体提示词，仍需要我们不断打磨、优化。

拆提示词前

"请帮我收集2024年第一季度的智能手机市场趋势和竞品动态。"

拆提示词后

"请收集2024年第一季度中国智能手机市场的趋势数据。"

"请分析竞品V9厂商2024年第一季度的市场动态。"

"请将上述数据与报告整理成一篇完整的分析报告。"

4. 列格式

顾名思义，"列格式"指的是明确 AI 输出内容的格式，用于满足不同场景的特定需要。这类提示词能够提供清晰的输出指南，推动 AI 按照指定的格式、结构生成内容，从而让输出的内容更加清晰、易于分析。

列格式之后

"请根据以下格式生成一份智能手机 P9 的用户行为分析报告。

报告标题：[日期] 智能手机 P9 用户行为分析报告

摘要：简要概述报告的主要发现。

数据概览：

- 用户总数
- 活跃用户数
- 新增用户数

列格式之前

"请帮我生成一份智能手机 P9 的用户行为分析报告。"

用户行为分析：

- 用户访问时长
- 用户访问频率
- 用户偏好功能

结论与建议：基于数据分析提出改进建议。"

5. 多追问

假如 AI 通过上述方式生成的内容仍不尽如人意,那么我们可以再通过连续的提问挖掘更深层次的内容。

"多追问"意味着可以从已有内容出发,一步步获取更为全面、深入的信息,同时通过连续的提问让提问者意图更清晰,减少 AI 对提示词的误解,从而引导 AI 生成更精准、更具价值的回答。

追问前

"请帮我收集2024年第一季度的智能手机市场趋势和竞品动态。"

追问后

"请帮我收集2024年第一季度国内智能手机市场的趋势和竞品动态。
追问一:哪些品牌在市场上表现最好?为什么?
追问二:消费者在选择智能手机时最关注的因素是什么?
追问三:未来智能手机市场的发展趋势有哪些?
追问四:有哪些新兴技术可能会影响智能手机市场?"

6. 善用分隔符

我们在写书面内容时,常用各种分隔符来梳理内容层次逻辑,这些分隔符同样可以用到提示词中。我们可以用 # 等分隔符将内容进行分隔,让提示词更有层次、有条理,从而提高 AI 的理解和执行效率,让 AI 更容易定位关键信息。

"请撰写一篇关于智能手表 P9 的产品介绍文案。该手表专为运动爱好者设计，具备防水、心率监测、GPS 追踪等功能。文案目标受众为 25 ～ 40 岁的健康生活追求者，文案长度控制在 500 ～ 600 字。需要采用轻松活泼的语言风格，段落分明，同时包含对 3 个具体功能使用场景的描述。"

"请撰写一篇题为'智能手表 P9 产品介绍'的文案。

手表功能：专为运动爱好者设计，具备防水、心率监测、GPS 追踪等功能。

目标受众：25 ～ 40 岁的健康生活追求者。

文案长度：500 ～ 600 字。

文案风格：需要采用轻松活泼的语言风格，段落分明。

其他要求：文案中包含对 3 个具体功能使用场景的描述。"

最后，给大家一个提示词公式，可以在这一公式的基础上加以优化。相信 AI 能够真正成为各位工作、生活的好帮手！

好的提示词=
明确角色+描述背景+
提出问题+确定需求+
补充要求

目前，为了显著提升工作效率，很多工具已经实现了对 AI 的深度集成，也为用户提供了关于 AI 提示词的各种建议与选择。例如禅道项目管理软件，其在集成 AI 的同时，也提供了一键提示词功能，并内置了丰富的 AI 小程序（见图 6-3），通过简单引导，可以辅助生成更高质量的提示词。这意味着，我们在选择 AI 工具或进行 AI 提示词生成的时候，也有了更多选择。

图 6-3　禅道项目管理软件

6.4　程序员如何在实际工作中应用 AI

回过头来，我们可以清晰地观察到计算机发展历程中的巨大变迁：从曾经占据整个房间的大型计算机发展为现今轻薄便携的笔记本计算机,从传统的功能手机进化为功能强大的智能手机。直至今天,AI 的出现又带来了新的变革与碰撞。

读到这儿,程序员朋友们也许会问:

> 前面讲了这么多关于 AI 的内容,AI 在 IT 领域能为我们提供怎样的帮助呢?

事实上,传统的计算机交互过程需要我们适应计算机的操作逻辑,而 AI 的目标是简化这一过程。也就是说,我们只需告诉 AI 具体需求,由 AI 来理解并自动执行,最终反馈结果。

毋庸置疑,在 IT 行业中,AI 的应用呈现出更垂直、更细分的特点,以实现生产效率的全面提升。

1. AI 聊天:提升日常沟通协作效率

ChatGPT、文心一言、智谱清言等 AI 模型对话功能的引入,为日常的基础性工作提供了强有力的支持。AI 聊天能够在工作的各个环节给使用者提供即时的帮助与支持,如对一些命令、内容的快速检索,对专业术语、陌生领域知识资料的汇总整理等,助力使用者轻松应对技术层面的深入讨论、各类头脑风暴等。

AI 聊天的广泛应用不仅提升了团队内部的协作效率,也为企业整体的战略规划和执行提供了强有力的支持。

2. 专业技能：助程序员一臂之力

从阿道接触到的各个行业来看，AI 的发展可谓十分迅速，在更为垂直细分的领域中，它也开始发挥出更大的作用。在 IT 领域，AI 的介入已经不再是一种选择，而是一种趋势。

（1）代码生成

现在涌现出来的很多 AI 工具，如 GitHub Copilot 等，能够通过简单的注释即时生成代码，或在编写代码时，可以根据上下文提示剩余的代码片段，甚至能够补全函数或类。虽然这些代码可能需要进一步的调整，但这类工具的成熟度正在不断提高，极大地提升了开发效率。

（2）代码优化

基于现有代码，AI 也能够提供使代码更高效或更符合编程语言规范的代码优化方案，从而提升代码的可读性和可维护性。同时，AI 可以更快速地识别代码中的问题，减少后期的代码调试时间，提高软件整体的稳定性和可靠性。

（3）代码理解

面对复杂的代码库，AI 的代码理解能力同样重要。它能够自动提炼代码关键点，降低开发者阅读和理解代码的难度，缩短新成员的上手时间，也方便新成员在短时间内理解与管理代码库。

（4）测试用例生成

在编写测试用例时，同样可以借助 AI 工具自动生成：我们可以调试好编写测试用例的提示词，"投喂"给 AI，根据 AI 的反馈进行优化调整。

（5）代码评审

将 AI 融入日常开发流程（如代码审查、bug 修复、新功能开发等），已成为提升开发效率的关键。

例如，可以采用基于 Git 的写作模式，在提交合并请求时，自动触发代码审查，确保代码在合并前经过编译、单元测试等动作，保证代码的质量。在提交合并请求后，也可以通过指令自动执行各类检查、自动生成变更日志等，进一步简化开发流程。在这一过程  中，AI 自动化能够减少人为偏见和主观偏差问题，有助于提高软件项目的代码质量和提交标准。

角色定位

作为一名资深软件测试工程师，你需要为"PC 端即时聊天软件登录功能"的代码片段创建全面的测试用例。

目标

你的目标是开发一套全面的测试用例集，这个用例集应能够全面覆盖"PC 端即时聊天软件登录功能"。

步骤一：代码分析

- 仔细审查提供的代码片段，理解其功能、预期输入和输出，以及核心算法。

- 思考所有可能的测试场景，包括常规操作和特殊情况。

步骤二：设计测试用例

- 思考并设计所有必要的测试用例。
- 针对每个测试用例，详细填写以下信息：测试用例 ID、测试用例的目标、测试场景、测试前置条件、用例适用阶段、输入的数据、预期输出结果、测试类型（性能测试、功能测试等）。

步骤三：编写 UI 自动化测试脚本

按照以下流程编写 UI 自动化测试脚本。

- 准备：配置测试环境，编写脚本代码。每个测试用例代码需包含清晰的注释，说明测试目的及其重要性。
- 执行：运行调试脚本。
- 验证：对比实际输出与预期输出，确保一致性。

步骤四：测试用例复查

- 审查所有测试用例，确保覆盖了所有预期场景。
- 考虑是否需要增加额外的测试用例以提升测试的全面性。

步骤五：测试覆盖范围总结

- 汇总测试用例，明确测试覆盖的范围。
请严格按照上述步骤进行操作，确保测试工作的专业性和有效性。

此外，我们可以通过 Azure 的自定义 Copilot 模式，根据特定领域的数据，微调通用模型，创建个性化的内容，同时还可以指定生成内容的风格、格式、字数和其他参数。由此创建的适用于特定受众或场景的 AI 工具才能够真正为己所用！

3. 提升项目效率、质量

除了一些工程实践可以用 AI 工具提效，项目的其他方面也可以寻求 AI 的帮助，如需求润色、任务润色、bug 润色等，减少项目沟通过程中的失真问题。

（1）需求润色

通过 AI 工具，可以轻松将一句话需求转化为准确、清晰、具体且具有完整描述的需求。对需求标题、需求描述、验收标准做相应的补充和润色，如图 6-4 和图 6-5 所示。通过 AI 工具的处理，不仅能够提升需求内容的专业性，还能有效减少开发过程中的误解和沟通成本，确保项目团队能够准确理解和高效满足各项需求。

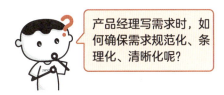

图 6-4　需求润色

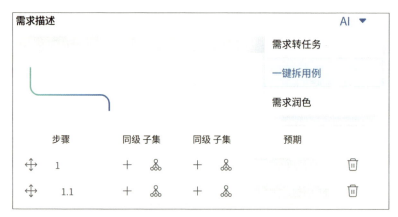

图 6-5　一键拆用例

（2）任务润色和 bug 润色

任务描述、bug 描述不清晰？AI 工具也可进行任务与 bug 描述的润色、完善和优化，让原有语句更符合语法规则，让描述更加具体清晰，便于快速定位相关任务与 bug，如图 6-6 所示。

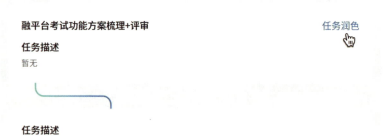

图 6-6　任务润色

（3）需求转任务、bug 转需求

产品经理在将需求下发为任务、将测试人员提交的 bug 转为需求的时候，同样可以通过 AI 一键转化，也可再次对转化的结果进行调整、优化，这极大地提高了工作效率，如图 6-7 和图 6-8 所示。

图 6-7　需求转任务

图 6-8　bug 转需求

此外，AI 在各类项目中还有很多种应用方式，如将草图一键转为真实网页，用 AI 实现数据分析、智能算法等。相信随着我们对 AI 研究的逐渐深入，AI 对我们工作生活的影响也将越来越大。

诚然，AI 给我们带来了诸多挑战，但它也带来了无限可能。

它要求我们具备将问题结构化的能力，以便与 AI 高效沟通，并根据其反馈进行深入探索；要求我们跳出惯性思维，用创造性的思维去探索、去提问、去推理；也要求我们不断地学习、适应，利用 AI 技术提升工作效率、创造价值。

跃入这个时代后，大家经常会问一个问题：

其实阿道认为，这个问题的答案非常简单：别让自己成为只能机械地敲代码的人，或不动脑、不思考的人。就像我们在本章中反复提及的那样：积极拥抱 AI，跃入 AI 时代!

后记

不知不觉，已经来到后记，阿道有很多话想说却不知从何说起。早在几年前，从我们推出《程序员生存手册》的第 1 个版本起，就陆陆续续收到了不少朋友的反馈，很多朋友说这本书对他们是有帮助的。这也让阿道和团队的所有小伙伴步履更为坚定，不断更新、迭代本书内容。我们真心希望本书能给大家带来帮助，因为"有帮助"就是我们强有力的定心丸。

"生活就像一盒巧克力，你永远不知道下一块将会是什么味道。"在不可预测的旅程中，我们无法知道未来会面临什么样的机遇、挑战或惊喜。

面对"乌卡时代"带来的挑战与机遇，尽管行业瞬息万变，阿道希望大家可以和我们禅道团队一样，依旧怀揣期待、坚定向前，依旧保持拼搏精神在未知的挑战中超越自己，依旧用产品写下对这个时代的责任与尊重。

就像编写《程序员生存手册》一样，对我们而言，这是禅道团队新的尝试和探索。我们从程序员的职业规划、必备编程基础知识、编码修养、项目管理、团队管理以及如何拥抱 AI 这 6 个角度入手，希望为各位朋友提供实用的知识和方法，帮助大家找到职业生涯的发展方向。很多人认为"生存"的字眼色彩比较浓重，其实阿道和小伙伴们在拟定书名时，也经过了一番考量，希望"生存"二字并非一味传递焦虑，而是能够将我们的思考带给业内或即将踏入 IT 行业的朋友们，让大家有更多的选择和启发。

我们深信，每一位程序员都有无限的潜力和机会。正如本书开篇所说，既然无法躲避变化和挑战，那就去拥抱它。

我们特别感谢所有为本书做出贡献的人，他们的经验和见解为本书增添了无穷的价值。我们也要感谢每一位读者朋友对这本书的支持和反馈，我们将持续关注程序员的需求和变化，不断改进和完善书籍内容。

最后，禅道团队愿各位读者朋友都能感受到当下每一刻的美好，不慌不忙地走向更好的明天。